本书获国家社会科学基金一般项目（15BTJ025）、浙江省哲学社会科学规划课题（21NDJC100YB）、浙江省新型重点专业智库——浙江财经大学中国政府监管与公共政策研究院等出版资助

交通碳排放的动态CGE模型构建及监管政策效应模拟研究

周银香 ◎ 著

中国财经出版传媒集团
经济科学出版社
Economic Science Press

图书在版编目（CIP）数据

交通碳排放的动态 CGE 模型构建及监管政策效应模拟研究／周银香著．--北京：经济科学出版社，2022.8
ISBN 978-7-5218-3273-0

Ⅰ.①交… Ⅱ.①周… Ⅲ.①城市交通-二氧化碳-废气排放量-监测-研究-中国 Ⅳ.①X511

中国版本图书馆 CIP 数据核字（2021）第 252253 号

责任编辑：王柳松　朱明静
责任校对：孙　晨
责任印制：王世伟

交通碳排放的动态 CGE 模型构建及监管政策效应模拟研究
周银香　著
经济科学出版社出版、发行　新华书店经销
社址：北京市海淀区阜成路甲 28 号　邮编：100142
总编部电话：010-88191217　发行部电话：010-88191522
网址：www.esp.com.cn
电子邮箱：esp@esp.com.cn
天猫网店：经济科学出版社旗舰店
网址：http://jjkxcbs.tmall.com
北京季蜂印刷有限公司印装
710×1000　16 开　15 印张　230000 字数
2022 年 8 月第 1 版　2022 年 8 月第 1 次印刷
ISBN 978-7-5218-3273-0　定价：65.00 元
（图书出现印装问题，本社负责调换。电话：010-88191510）

序　言

可持续发展是人类21世纪面临的最紧迫挑战之一，其中由于温室气体排放造成的气候变暖问题已成为全球关注的焦点和研究的热点。为了减缓气候变暖以避免对人类造成灾难性的影响，世界各国纷纷制定政策发展低碳经济。中国作为世界第二大经济体和最大的发展中国家，明确承诺到2030年单位国内生产总值二氧化碳排放强度比2005年下降60%~65%。为此，中国将生态文明建设列为“十三五”规划重要内容，并于中国共产党第十九次代表大会报告中进一步强调必须坚持“去碳化”绿色发展转型的方针，形成资源节约和环境保护的空间格局。

交通运输是国民经济发展的重要基础性行业，但也是能源消耗和温室气体排放的重点大户，面临着日益严峻的资源环境约束。而且，近年来中国多地长时间遭遇雾霾肆虐，对人们生活和经济活动造成了严重影响。中国环境科学专家认为，造成空气严重污染的根本原因是污染物的大量排放，而交通排放是首要污染源。为此，全国各大城市相继采取各种监管政策和措施进行低碳交通治理。如果单从解决某个问题的角度来看，越激进的政策固然越有成效，但主管部门的决策水平不仅影响着交通行业的发展，对国民经济的整体运行也会产生极为关键的波及效应。为此，科学测算交通能源消耗碳排放①，评估低碳交通的监管政策效应及其潜在影响，以加强对政策制定的科学合理性以及政策执行后效果的预判，对于交通可持续发展具有重要的现实意义。

本书在已有研究的基础上，遵循国际能源署（IEA）能源平衡体系

---

① 碳排放指二氧化碳排放，全书同。

的测算方法，按运输方式（补充私人汽车等非营运运输），依据“自上而下（Top-Down Model）”和“自下而上（Bottom-Up Model）”的 Spread Sheet 模型，对我国交通碳排放进行全面系统的统计测算，探析我国交通能源消耗和碳排放的现状及发展趋势；在此基础上，运用拓展的 Kaya 恒等式对交通碳排放进行驱动因子分解，从而有针对性地探析交通碳排放核心影响因子的作用机理及贡献率；进而，依据瓦尔拉斯（Walras）一般均衡理论，构建一个涵盖经济、交通、燃料产业以及居民交通选择行为的动态可计算一般均衡模型（computable general equilibrium，CGE），模拟分析低碳交通监管政策的单项及叠加效应。全书内容共分为 7 章。

第 1 章为绪论。简要阐述研究背景及意义、相关领域国内外研究现状及文献综述、研究目标与研究方法、研究内容和技术路线以及主要的创新点。

第 2 章为理论基础。主要对低碳经济及低碳交通的内涵进行界定，从可持续发展、外部性理论及政府管制等角度阐述实施低碳交通监管政策的理论基础，介绍可计算一般均衡（CGE）模型的模块构成、闭合规则、动态机制及一般均衡理论、瓦尔拉斯法则、相对价格变动、低碳交通监管政策对交通节能减排的作用机理等基本原理。

第 3 章为我国交通碳排放的统计测算及驱动因子分解。首先，在分析我国交通运输发展变化状况的基础上，将我国交通运输分为铁路、公路、水路、航空及管道五种运输方式，全面系统地测算我国交通能源消耗和二氧化碳（CO_2）排放总量，分析其发展趋势；其次，利用改进的对数平均迪氏指数（LMDI）分解法对交通碳排放进行驱动因子分解，以揭示影响我国交通碳减排的可能途径及低碳交通监管政策的着力点。

第 4 章为交通碳排放动态 CGE 模型设计与构建。首先，依据瓦尔拉斯一般均衡理论，构建一个由生产模块、能源模块、价格模块、收入模块、消费模块和均衡条件所构成的标准能源环境 CGE 模型；其次，按照“谁排放，谁负担”的原则将交通碳排放和环境税费嵌入燃料需求模块，构建一个涵盖经济、交通和燃料产业、客货运输部门以及居民交通选择行为的动态 CGE 模型，以探究交通能源消耗碳排放与环境经济的均衡关系。

第 5 章为 CGE 模型的数据基础与参数标定。以投入产出表为基本框架，以交叉熵（CE）作为平衡技术，编制宏观和微观社会核算矩阵（SAM）；获得模型的基础数据库之后，对模型的份额参数和弹性系数进行校准。

第 6 章为低碳交通监管政策效应的模拟分析。设计不同的监管政策情景，模拟分析不同的交通碳税税率和机动车尾气排放限值标准提升对交通运输部门及全社会能源需求、碳排放、宏观经济以及社会福利的单项影响；进一步进行政策的组合模拟和评估，分析低碳交通监管政策的叠加效应，以此探讨监管政策优化的方向。

第 7 章为研究结论与政策启示。概括全书的研究结论，根据实证分析和 CGE 模拟结果，优化监管政策设计并确定低碳交通的发展路径。

本书的创新和主要贡献在于：(1) 针对当前我国交通运输能源消耗和碳排放统计中非营运车辆能耗碳排放缺失的现状，依据国际能源署（IEA）的统计口径，基于运输方式结构的视角，创新性地对我国运营性运输和非营运性运输的能源消耗及碳排放进行了全面系统的统计测算。(2) 采取混合式方法（hybrid），结合“自上而下”和“自下而上”方法，创新性地编制了扩展的交通能源消耗碳排放社会核算矩阵（SAM）。(3) 将交通能源碳排放及环境因素，特别是将居民交通选择行为嵌入标准 CGE 模型中，构建了交通能耗碳排放—环境—经济的动态 CGE 模型。(4) 从探索低碳交通监管政策带来的环境影响和经济效应之间的均衡关系入手，创新性地设置单一和组合政策情景，模拟分析了交通碳税的税率变化、提升机动车尾气排放限值标准等低碳交通监管政策的单项及叠加效应。

目　录

第1章　绪论

1.1　研究背景与研究意义

1.1.1　研究背景

随着经济全球化进程的不断加快，能源短缺和由于温室气体排放造成的气候变暖问题日益凸显。气候变暖导致冰川融化、海平面上升、洪水、干旱、生态系统破坏、粮食减产等各类灾害性事件频发，危及人类的生存和发展。政府间气候变化专业委员会（IPCC）第四次评估报告认为全球变暖有90%的可能是由于温室气体排放造成的，尤其是二氧化碳（CO_2）排放量的急剧增加，而化石燃料消费是二氧化碳排放的最主要来源。为了减缓气候变暖以避免对人类造成灾难性的影响，1992年6月，联合国环境与发展大会在里约热内卢的全球首脑会议上，缔约了全球第一个控制二氧化碳等温室气体排放的《联合国气候变化框架公约》。《联合国气候变化框架公约》于1994年3月21日正式生效，并要求缔约方每年举行一次大会。1997年12月11日，第三次缔约方大会（COP3）最终通过了《联合国气候变化框架公约》的第一个附加协议《京都协定书》，并于2005年2月16日正式生效，首次为发达国家规定了具有法律约束力的温室气体减排目标，要求主要工业发达国家在2008~2012年将二氧化碳、甲烷（CH_4）、氧化亚氮（N_2O）、氢氟碳化物（HFCs）、全氟化碳（PFCs）、六氟化硫（SF6）六种温室气体的排放量在1990年的基准水平上平均减少5.2%，其中，CO_2由于在大气中的含量最高而成为削减与控制的重点。2005年12月蒙特利尔气候会议决定启动“后京都”谈判，讨论发达国家第二阶段承诺期的温室气体减排义务，但谈判各方一直处于僵持状态。在2007年初的达沃斯世界经济论坛年会上，气候变化超过恐怖主义、阿以冲突、伊拉克问题成为压倒一切的首要问题（周银香，2012）。2009年12月，国际社会在丹麦首都哥本哈根召开了《联合国气候变化框架公约》第15次缔约方会议，这是一次具有划时代意义的全球气候大会，被喻为人类遏制气候变暖“最后一次机会”。各缔约方为了达成一个世界减排协定以替代《京都议定书》，将谈判的焦点集中在减排责任和目标以及减排义务分担方式等问题上（潘家华，2009），发达国家与发展中国家之间分歧明显，欧美等发达国家在强烈要求中国和印度等发展中大国承诺具体减排目标的同时，却不愿在资金和技术上提供实质性援助，气候谈判跌入谷底，但气候变暖的数据显示却越来越可怕。2015年12月，第21次《联合国气候变化框架公约》缔约方大会在法国巴黎召开，气候谈判发生根本性的转变，近200个缔约方达成了具有历史性意义的《巴黎协定》，在减排总体目标、责任区分及资金技术等多个核心问题上取得实质性的进展，各方同意结合可持续发展的要求以“自主贡献”的方式参与应对全球气候变化行动，将全球平均气温升幅较前工业化时期控制在2℃以内，并努力将升温幅度限定在1.5℃之内，这表明了世界各国对全球气候变化的普遍共识及应对决心。

中国作为世界第二大经济体和最大的发展中国家，除了以积极的姿态推动气候大会达成协定外，还在向《联合国气候变化框架公约》秘书处提交的国家自主贡献文件中，明确承诺到2030年单位国内生产总值二氧化碳排放强度比2005年下降60%～65%，二氧化碳排放达到峰值并争取尽早实现，非化石能源占一次能源消费比重达到20%左右。为此，中国将生态文明建设列为“十三五”规划重要内容，树立并切实贯彻创新、协调、绿色、开放、共享的发展理念，并于党的十九大报告中进一步强调必须坚持“去碳化”绿色发展转型的方针，形成资源节约和环境保护的空间格局。

交通运输是国民经济先行发展的基础产业，是社会和经济持续健康发展的重要支撑与保障，但也是化石燃料消耗与碳排放较高的重点行业。随着我国经济的高速发展，交通运输业迅速扩张并在国民经济运行中扮演着越来越重要的角色，不仅促进了不同国家与区域的商品交换、人员信息交流和贸易发展，还发挥了优化经济发展空间布局、引领经济发展和惠及民生的先导作用。同时，正如发达国家所经历的那样，随着交通运输的迅猛发展，所引发的能源短缺、环境污染与温室气体排放等“交通外部性问题”也日益凸显。随着我国经济发展和城市化进程的不断加快，未来，交通运输部门将逐渐成为中国能源需求和碳排放增长的主要贡献者。一方面，交通发展与能源、气候之间的问题日益突出，能源短缺和温室气体排放加剧成为我国交通运输可持续发展的制约因素；另一方面，要实现中国对国际社会的郑重承诺，交通运输业的节能减排形势严峻。中国交通低碳化发展不仅是减缓全球气候变暖的重要途径，也是应对中国未来能源安全的挑战、实现交通可持续发展的必然选择。中国环境科学研究专家认为，造成空气严重污染的根本原因是污染物的大量排放，而交通源排放是首要污染源。为此，交通污染排放问题再次被推向了风口浪尖，通过机动车限行限购、发展新能源汽车、提高机动车与燃油的技术水平等手段发展“低能耗、低污染、低排放”的低碳交通监管政策呼声不绝于耳，全国各大城市也相继采取各种政策和措施进行低碳交通治理。如果单从解决某个问题的角度来看，越激进的监管政策固然越有成效，但问题显然不会这么简单，交通业作为宏观经济与社会发展的主动脉，无论从相关产业的拉动效应还是从对经济增长、税收及服务民生的贡献来看，其“支柱产业”的地位都极其重要，评估低碳交通政策必须综合考虑政策实施所产生的直接效果和波及效应，将“交通外部性问题”及相关监管政策置于覆盖经济、运输行业、能源和环境的“大系统”中，综合考虑政策实施所产生的成本与效益，这是评估低碳交通发展政策的重要依据。为此，探析交通碳排放、环境与经济的均衡关系，评估低碳交通的政策效应及其潜在影响，以加强对政策制定的科学合理性及政策执行后效果的预判具有重要的现实意义。

1.1.2 研究意义

在能源安全和环境污染的双重约束及国际碳减排的巨大压力下，如何面对因交通业快速发展，尤其是机动车保有量不断膨胀而产生的交通外部性问题，对交通运输部门、拥有机动车保有量的居民部门、政策制定部门，甚至整个汽车产业链的各个市场主体来说，都面临着严峻的考验，与此相对应的将是不断的政策调整，或者出台新的政策，以促进低碳交通发展。但政策的成本与效益，尤其是监管政策所涉及的成本负担问题，不仅是政策制定及决策层面所关注的，也是各利益方共同关心的问题。因此，全面系统地测算交通能源消耗碳排放，将交通能源消耗碳排放、环境与经济等因素纳入统一框架，构建动态可计算一般均衡（computable general equilibrium，CGE）模型，探讨为了遏制交通碳排放的快速增长，实施引进机动车能源结构调整、燃油技术进步和燃油税费等低碳交通监管政策对交通能源消耗碳排放及环境的直接影响，对经济增长、社会福利等宏观社会经济的波及影响，即对政策实施的成本与效益进行 CGE 模型的模拟分析，具有重要的理论与实际意义。

1. 理论意义

（1）基于运输方式视角，提出了全面系统测算我国交通碳排放的方法，有利于客观反映我国交通碳排放水平。目前，我国未公布交通碳排放数据，需要根据能源消耗的统计数据进行推算，但我国交通能耗统计方法与国际通行准则相比存在较大差异。首先，我国将交通运输与仓储、邮政归为一个行业进行统计，但国际核算不包括仓储、邮政；同时，国际统计口径包括除国际远洋和国际航空运输以外的所有交通工具，而中国只统计了营运运输的能耗，未包括非营运运输所消耗的能源，使得统计结果明显偏小。因此，针对目前国内缺乏完整的、能够客观反映交通运输能源消耗水平数据的现状，依据国际能源署（IEA）统计口径，基于运输方式结构的视角，运用基于交通运输燃料消耗的“自上而下”法和基于交通行驶里程（VKT）的“自下而上”法，分别测算各种运输方式的能源消耗碳排放，并补充私人等非营运运输的能耗及碳排放，可以对现有统计数据进行必要的补充和修正，与国际统计指标接轨，使指标具有可比性，并能客观反映我国交通运输的总能源消耗及碳排放水平。

（2）依据拓展的Kaya恒等式对交通碳排放进行驱动因子分解，有利于有针对性地探析交通碳排放核心影响因子的作用机理及贡献率。Kaya恒等式是日本教授茅阳一（Yoichi Kaya）于IPCC的一次研讨会上首次提出的，已在能源与环境经济领域得到较为广泛的应用，但其结构简单、考察的变量数目有限。通过对Kaya恒等式进行扩展，并采用对数平均迪氏指数（LMDI）方法，从交通业发展规模、运输方式能耗结构、节能技术及减排技术等方面对交通碳排放进行结构分解，既可克服其他方法分解后存在残差项或对残差项分解不当的缺点，使模型更具说服力，也可更全面地探析交通碳排放各影响因子的作用机理及贡献率。

（3）构建涵盖交通能源消耗碳排放、环境、经济和交通政策的动态CGE模型，可供低碳交通发展路径的仿真模拟及优化设计。交通运输是个复杂动态的大系统，具有非线性、多层次、多重反馈等特征，依据瓦尔拉斯（Walras）一般均衡理论，将交通能耗碳排放及居民交通选择行为嵌入标准CGE模型中，构建一个涵盖经济、交通和燃料产业、客货运输部门以及居民交通选择行为的动态CGE模型，既能反映交通能耗碳排放、环境与经济之间存在的复杂关系及相互影响机理，又能全面模拟低碳交通监管政策变化的直接效应、波及影响及反馈作用，以确切地描述经济系统中牵一发动全身的整体性，依此所构建的动态CGE模型可供研究者进行低碳交通发展路径的仿真模拟及优化设计。

2. 实际意义

（1）科学、客观地测算和分析各种交通运输方式的能源需求和碳排放，可为交通部门把握行业的节能减排潜力和政策制订、实施提供信息支持和决策依据，对于我国实现健康、持续、快速的低碳交通发展将产生重要的影响。

（2）通过对交通碳排放进行驱动因子分解，测算各影响因子的效应大小，对于掌握交通节能减排重点、制订相应的减排政策和实施减排措施等方面具有较好的参考价值。

（3）所构建的交通能源消耗碳排放—环境—经济动态 CGE 模型，可对不同的低碳交通监管政策效应进行单项及组合模拟，并对不同政策情景进行短期和长期效应的比较研究，为政府和交通管理部门的低碳交通政策制订提供坚实的理论基础。

1.2 国内外研究文献综述

交通运输业作为化石能源消耗大户，也是各国二氧化碳排放控制的重点部门。大量化石燃料带来的温室气体排放不仅对城市环境带来巨大的伤害，对整个国家乃至全球生态环境及气候变暖都会造成较大危害。为此，世界各国都在积极探寻降低交通碳排放的策略与方式，无论是学术界还是交通管理部门都对低碳交通发展的政策与措施的制订、优化及创新给予了高度的关注。一方面，从实践的角度提出交通需求管理、运输与出行方式转化、车辆与燃料改进、土地与交通规划优化等低碳交通发展的限制、转型及改进政策与措施；另一方面，广泛开展（交通）能源、环境和经济均衡关系的理论与实证研究，运用合适的模型与方法对政策实施所带来的经济、环境及社会影响进行验证。

1.2.1 交通能源消耗与碳排放的测算研究

对于交通能源消耗碳排放的统计测度，国际通行的模式是依据国际能源署（IEA）建立的能源平衡体系，核算交通部门的终端能源消耗进而推算碳排放量。根据 IEA 能源平衡体系，终端消耗的能源量等于一次能源扣除加工、转换、贮运损失和能源工业所用能源后的能源量。终端能源消耗部门划分为工业部门、运输部门、其他部门和非能源产品消耗四大类，其中，运输部门包括公路、铁路、航空、国内水上运输及管道五种主要的运输方式。目前，联合国、欧盟、亚太经济合作组织等都采用此模式，但目前我国将交通运输与仓储、邮政业划分为一个行业进行统计，而且未统计非营运性运输，尤其是非营运公路运输的能源消耗碳排放，使得我国交通能源消耗碳排放的统计数据明显偏小于国际统计口径数据（周银香和李蒙娟，2017）。为此，国内的相关研究试图从不同的角度进行修正与完善。张树伟等（2006）采用“全社会旅客周转量”来表征公路部门的交通客运服务量，并依据中国交通年鉴历年“旅客周转量”的不同范畴进行了统计口径的调整。李连成和吴文化（2008）按燃油类型进行车辆分类，根据相关统计数据，并结合道路运输业专家对各类车辆的年行驶里程、燃油消耗水平的基础数据的经验估计，对道路机动车能源消耗进行估算。沈满洪（2012）等对于非营运运输的能耗采用油品分摊法进行估算，即认为除交通运输部门营运用油外，工业、建筑业、服务业消费的 95% 的汽油、35% 的柴油用于交通运输工具，居民生活和农业消费的全部汽油，居民生活消费的 95% 的柴油用于交通运输工具。蔡博峰（2012）基于运输方式的视角，采用基于燃料消耗的“自上而下”法测算了 2007 年中国各省（区、市）交通领域的燃油消耗和 CO_2 排放量，其中，道路运输的燃油消耗同样采用油品分摊法进行估算，认为中国汽油的 97% 和柴油的 55% 用于机动车，同时采用基于行驶里程的方法对中国 2007 年道路运输的 CO_2 排放量进行测算，并对两种方法的测算结果进行对比，发现二者具有较大差异。贾顺平（2010）通过估算社会及私人汽车、摩托车、低速汽车（农用运输汽车）等的能耗数据，弥补“交通运输与仓储、邮政”统计口径中由于非营业性交通缺失导致的交通能耗低估问题，但却未能体现各种运输方式的能源消耗及碳排放状况，不利于交通运输的结构性节能减排研究。呙小明和张宗益（2012）虽然将交通运输业从交通运输仓储邮政业中抽离出来，按照五种运输方式和燃油消耗类型对交通能耗和碳排放进行测算，但是没有考虑非社会运营车辆。谢守红等（2016）运用"自上而下"的碳排放计算方法，根据各种能源消耗量与相应能源 CO_2 排放系数的乘积获得研究范围内的交通能耗和碳排放量。张诗青（2018）运用"自上而下"的基于终端能源需求的模型，采用具有省域特征的能源消耗量、能源发热量及碳排放因子等数据，测算了 2000 ~ 2013 年除西藏、港澳台地区外（因数据缺失）中国 30 个省域交通碳排放，并对省域交通碳排放的时空分布格局及其影响因素的时空差异进行了分析，但均未体现运输方式之间的能源消耗和碳排放差异。

1.2.2 低碳交通发展的政策研究

1. 低碳交通发展的政策工具

世界各国的实践证明，政策的制定、发展与创新是推动和实现低碳交通发展的重要措施。在全球能源安全、温室气体排放及气候变暖形势日益严峻的背景下，一些发达国家，尤其是英美、欧盟各国及日本等一直走在前列，各自根据国情积极出台各种政策推动低碳交通的发展。中国、印度、巴西、南非等一些发展中国家也纷纷制定自己的政策与措施，促进交通行业节能减排。传统的降低交通能源消耗碳排放的政策主要从节能法律法规、能源发展战略计划及交通规划等方面入手。随着能源、环境气候问题的不断加剧，限行限购、碳税、碳减排标准、燃料技术、新能源汽车税收优惠及财政补贴等交通需求控制、节能减排监管、技术创新及财税激励等政策受到越来越多的关注。

（1）英国。英国是世界上第一个提出"低碳经济"概念的国家，也是低碳交通发展的积极倡导者。英国政府于 1998 年发布《交通运输新政策纲领》白皮书，提出要发展公共交通、限制小汽车的过度使用，通过行政手段和技术进步治理与缓解车辆尾气排放。2001 年按照私人车辆和公司车辆分类改进了车辆税收体系，并对电动车、液化石油车及天然气等清洁燃料车给予了不同税率的税收优惠与补贴。2003 年在可持续发展的基础上，提出低碳经济发展的理念，并以此作为能源战略的首要目标，力争到 2050 年成为低碳经济发展国家，同年，开始试点客运汽车燃油经济性和 CO_2 排放信息标识的指令。2000 年制定了《2000～2010 年英国交通运输发展战略：10 年运输计划》，2005 年出台了《使用化石燃料的碳排放技术的开发战略》，提出一系列减少化石燃料碳排放的技术开发计划，并将碳减排的重点置于交通与供电行业，随后陆续发布《低碳运输创新战略》《英国可再生能源战略》《低碳运输：更加环保的未来》等与交通运输直接相关的战略规划，并于 2003 年在伦敦市实施交通拥堵收费政策，2008 年设置“低排放区”对该区域不符合排放标准的车辆进行收费，用于发展公共交通及自行车、人行道的建设，并支持城市交通的电气化。2009 年英国推出了一项报废计划，为每项交易提供一项 2000 英镑现金激励（一半由政府支持的应用，一半由制造商提供）以支持车辆以旧换新，旨在鼓励使用现代汽车替代旧车，从而减少排放量，同时极大地刺激了受 2008 年经济衰退影响的汽车行业（李姗姗，2012）。为大力推广电动汽车的使用，英国政府 2017 年发布预算，计划截至 2020 年，投入 5 亿英镑（约合 6.6 亿美元）用于推动插电式混合动力项目及充电基础设施的建设。

（2）美国。美国作为能源消耗和碳排放大国，尽管没有签署《京都议定书》，但仍制定和实施了一系列节能减排法律法规与财税激励政策，以促进低碳交通运输的可持续发展。早在 1969 年，美国就开始制定了《国家环境政策法》，1975 年出台的《能源政策和节约法》建立了小型车和轻型卡车的企业“燃油经济性”标准，并实行了一系列支持措施来保证 CAFE 标准的实施。1992 年颁布的《能源政策法案》首次明确鼓励车辆使用乙醇燃料，随后陆续颁布了《清洁空气修正法案》《乙醇发展计划》《新一代汽车伙伴关系计划》等来大力发展电动汽车、天然气和燃料电池汽车等清洁能源汽车。2003年出台的《能源部能源战略计划》更是把“提高能源利用率”上升到“能源安全战略”的高度。《2005能源政策法案》和《2007美国能源独立与安全法案》进一步规定了新能源车的税收优惠、可再生燃料标准及汽车燃油经济性新标准。2009年6月美国众议院通过了《美国清洁能源和安全法案》，被认为是美国为应对全球气候变化威胁所迈出的重要一步，制定了整个经济系统的二氧化碳排放总量管制及排放交易计划，承诺到2020年温室气体排放量比2005年的水平降低约14%。2010年4月和2012年8月美国分别发布了针对2012~2016年和2017~2025年两个阶段的轻型汽车燃料经济性及温室气体排放标准；并于2011年颁布了重型车辆燃油经济性和温室气体排放标准。2016年7月，美国政府将电动汽车产业发展上升为国家战略，并首次以白宫名义发布了一揽子电动汽车产业的培育计划，以大力推进电动汽车及其基础设施的建设与发展。此外，美国还采取现金补贴、税收减免和低息贷款等财税激励政策积极发展低碳清洁运输。

（3）日本。日本是能源资源严重匮乏的国家，因此在全球低碳交通的建设中一直处于领先地位。日本1979年首次颁布《节约能源法》，1999年开始对机动车实行强制性的能效标识制度，2001年制定并实施了“汽车税收体系绿化计划”，通过对电动车、混合动力车、天然气与燃料电池车等新能源汽车实行税收减免，以促进低能耗、低排放汽车的生产与销售，继而于2008年通过“低碳社会行动计划”，提出在2020年前大幅提高新一代节能环保汽车的普及程度，并于2010年推出“低碳型创造就业产业补助金”，以对电动车用锂离子电池、LED芯片及太阳能电池制造等低碳战略新兴产业进行补助。

燃油经济性标准方面，日本执行堪称世界上最严格的标准，它采用“领跑者”方法确定燃料经济性标准，首先按照重量对汽油、柴油驱动的轻型乘用车和商务车进行分级分类，然后在每个等级中确定“最优”的燃油经济性汽车，规定同等级新车必须达到燃料经济性标准，对未达标的机动车采取处罚措施，这种方法使少量具备先进技术的汽车带动了大量技术相对落后的汽车不断提高燃料经济性，从而改善性能、减少温室气体排放，并于 2006 年颁布了全球第一个重型车辆的燃油经济性标准。作为《京都议定书》的发起和倡导国，近年来日本更是将发展低碳经济作为促进经济发展的增长点，并通过建设综合运输体系、发展智能交通、创新能源替代技术、推行自愿碳排放交易等政策与措施，着力推进低碳交通的可持续发展（李琳娜，2014）。目前，日本引领的混合动力、电力和氢燃料电池动力汽车的创新技术正蓄势待发，并迅速渗透至中国及东南亚市场（Shukla & Dhar，2015）。

（4）欧盟。与美国、加拿大、日本及澳大利亚等发达国家相比，欧盟的气候政策最为激进，在应对气候环境变化方面也取得了很大的成绩。欧盟及其成员国为促进交通可持续发展，主要从节能法律法规、碳减排标准、碳税政策和 ASI 政策措施体系等方面进行总体规划。1991 年，欧洲共同体发布了第一个提高能源效率和控制 CO_2 排放的战略计划，1992 年发布的第五个环境行动计划将交通行业列为共同体优先采取可持续发展行动的领域之一，建议采取可持续的交通政策，并发布“共同体有关可持续交通策略”绿皮书和成员国之间“混合运输”（combined transport）指令，以充分发挥整个交通链的高效运输潜能。进入 21 世纪，随着环境气候问题的不断升温，欧盟在力求引导世界低碳发展的同时，将低碳经济发展写入未来发展战略规划，并陆续出台气候变化控制的一系列政策（陈丹，2014）。2001 年发布“2010 欧洲运输政策”白皮书，2006 年发布《能源效率行动计划》提出交通行业到 2020 年要实现 26% 的节能目标，2007 年欧盟委员会提出一揽子能源计划，并于 2008 年通过了关于将航空业纳入欧盟温室气体排放交易体系（ETS）的提议草案，2009 年正式生效。2011 年发布《2010～2020 年欧盟交通政策白皮书》，提倡大力推广使用新能源汽车，并将交通运输重点放在公共运输上，同时提出了 2050 年交通运输领域要实现温室气体减排 60% 的目标（刘学，2015）。

乘用车排放标准方面，欧盟最早通过与欧洲汽车制造商签订自愿协议的方式来削减乘用车二氧化碳排放量，1998 年 3 月签订的欧洲汽车制造协会（Association des Constructeurs Europeen，ACEA）协议则是一个集体承诺协议，但事实证明自愿减排协议无法实现碳减排目标，为此，根据欧盟提案，2008 年欧盟从立法角度对汽车尾气实施严格的强制性限排标准。2009 年颁布了《关于建立新乘用车排放绩效标准的法规》，并在欧盟各国强制实施，提出到 2020 年欧盟境内销售的新车平均每千米二氧化碳排放量降至 95 克，在 2020～2021 年逐步实施。2013 年，欧洲议会发布了一份报告，要求将 2025 年的碳减排目标设定在 68～78 克/千米。排放法规从 1992 年开始推行的“欧 I”标准一直升级到“欧 VI”等一系列排放标准，目前，最新的欧 V 标准主要针对柴油、汽油轿车及轻型商用卡车，而欧 VI 标准则单独针对柴油轿车。同时，基于实施能源安全战略和履行《京都议定书》义务的需要，欧盟委员会于 2005 年提议对成员国重建乘用车税收体系，并考虑对乘用车二氧化碳排放量征税，目前，已在欧盟 20 多个成员国中实施了机动车碳税。

此外，欧盟还构建了一套多措施协调兼容的 ASI 体系，以实现城市交通运输的有效调控并促进运输燃料能效模式的改进。ASI 体系是由“避免”（A）、“转型”（S）、“改进”（I）三种不同实施路径形成的技术性和非技术性可选方案，其中，避免（avoid）是指减少不必要的交通出行需求，例如通过改进城市规划、旅游需求管理或道路定价以及电子通信选项（移动电话使用、远程工作）来实现；转型（shift）指转向更高效或环保的交通模式，例如非机动或公共交通；改进（improve）则是改进提高交通运输的环境性能，使车辆更节能，减少碳排放。每种实施路径又包含战略规划（P）、制度措施（R）、经济手段（E）、技术提升（T）和信息宣传（I）五种举措，从而形成完整的 ASI 政策措施体系。

（5）发展中国家。除了英美、日本、欧盟等发达国家之外，印度、南非等发展中国家在低碳节能减排领域及低碳运输技术创新方面也有所行动。

印度政府一直重视促进环境友好技术、提高生产技术、削减温室气体排放等可持续发展方式，甚至在《京都议定书》规定的“清洁发展机制”大力推行以前，就对以上问题给予了重要关注（白娟，2016）。2008 年 6 月，印度颁布了《气候变化国家行动计划》，承诺将人均温室气体排放量控制在世界平均水平之下，2009 年提出到 2020 年实现单位 GDP 碳排放强度在 2005 年的基础上削减 20% ~25%，之后陆续出台相关能源、交通政策，并通过制定税收补贴、软贷款和特殊关税等刺激性财政政策，促进交通运输领域的节能减排。2011 年，印度政府批准了“电动车国家行动”，2013 年，批准了“电动车行动国家计划”，并于 2015 ~ 2016 年推出了“快速采用和制造混动及电动车辆（印度 FAME）”计划，以推广电动汽车及混合电动汽车的发展。

南非交通行业的主要减排措施是税制激励，通过采取从价汽车消费税、国际飞机乘客离境税、一般燃油税等税收政策限制燃油消耗，同时鼓励民众使用公共交通工具，以缓解交通环境污染。2004 年，南非政府从环保法规、技术研发以及项目审批等方面制定战略计划，以应对机动车温室气体排放，2010 年 9 月对新上市的私人轿车和轻型商用车辆首征二氧化碳排放税，并于 2015 年制定电动汽车工业发展线路图，对低碳电动汽车消费给予各种激励措施（张维冲等，2016）。

2. 政策工具的效果

一般而言，交通运输节能减排的政策实施目标主要是减少燃料的碳排放强度，提高车辆的能源效率，转变出行模式和减少需求等（Creutzig & Kammen，2010；Sun et al.，2015）。

由于交通运输系统是一个复杂的社会系统，涉及多个利益相关者和多种因素，所有政策在制定与实施时都需要考虑交通运输活动的外部成本、基础条件及其对社会、经济、产业链的影响，很难将低碳运输政策纳入仅考虑某一方面问题的系统中（Azadeh et al.，2008）。因此，随着低碳交通发展政策的制定和学术研究越来越广泛和深入，越来越多的学者开始收集、概括和分析有关政策，以探究哪种类型的政策更为有效和通用（Poudenx，2008；Zhou，2012）。

目前，燃油经济性标准（CAFÉ）被国内外公认为政府控制机动车油耗和碳排放最有效的手段之一，目标是提高燃料使用效率，减少温室气体排放和石油依赖（Small & Dender，2007；Creutzig et al.，2011；Shukla & Dhar，2015）。在1973年石油危机之后，美国能源政策和保护法案于1975年首次提出了燃油经济标准，美国最新的燃油经济性标准将使城市高速公路的测试周期燃油经济性从2007年的约44.26千米提高到2025年的87.71千米（包括汽车和轻型卡车）。目前，欧盟和美国已经制定了一些全球最严格的标准，加拿大、日本、澳大利亚、中国、韩国、印度和墨西哥等国家也都先后实施了自愿或强制性的燃油经济性标准。与其他政策选择相比，燃料经济标准在政治上更加可行，但问题是国家或地区政府在监管过程中通常只估计燃料使用或排放对地区或部门级别的影响，而未考虑采用燃油标准区域内的总体效应和燃油价格变化的市场反应（Paltsev et al.，2015），包括对乘用车需求的影响，以及对其他行业（如电力、石化或重工业）的石油燃料需求的影响。第一个反应通常被称为“反弹效应”，因为它指的是由于提高效率导致的边际成本降低而刺激出行需求的增加；第二种反应则是指当燃料价格下降刺激那些不受政策约束的行业燃料需求而发生的“泄漏效应”（Small & Dender，2007）。

车辆技术创新与燃料替代被认为是世界各国减少交通领域二氧化碳排放的一项重要战略选择，是交通“去碳化”的核心方法（Hickman & Banister，2007；Menezes E. et al.，2016）。但由于先进技术相对昂贵且需要大型基础设施投资等条件，相对现有技术来看，其减排效应在中短期内仍不显著（Brand C. et al.，2013）。为此，需要出台相关的激励措施，尤其是通过经济手段来影响能源和碳的价格或激励发展部署新的低碳技术，以促进先进车辆技术的应用与推广（Mandell，2009；Santos et al.，2010），同时，技术进步能否成功地减少最终能源的使用，在很大程度上还取决于所谓的“反弹效应”（Grepperud & Rasmussen，2004；Matos & Silva，2011；Wang et al.，2012；Evans et al.，2013）。

通常认为，要实现道路运输的大规模碳减排，只有通过生物燃料、氢或电力等低碳能源取代传统的化石燃料，但问题是如何将这些低碳燃料最优地运用到交通工具中（Gibbins et al.，2007；Yan & Crookes，2009）。在车辆燃料替代中，电动汽车通常被认为是实现低碳交通转型的关键技术。在英国，乘用车的脱碳及电气化被认为是气候变化战略的一个关键基石，是英国政府实现到2050年二氧化碳排放量比1990年降低80%这一减排目标的必要条件（UK Committee on Climate Change，2009）。同时，为了实现2030年碳减排60%的中期目标，英国不得不利用核能或风能等低碳资源进行发电产生97%的电力，并确保60%的新车使用电力运行。因此，英国的政策重点是通过车辆技术和财政激励措施，使2030～2050年插电式混合动力车和全电池轻型载客车辆的技术渗透率达到40%～90%（UK Committee on Climate Change，2011）。但许多研究表明，交通电气化的温室气体减排潜力存在巨大的不确定性，电动汽车的温室气体减排作用取决于一系列相关条件，包括电力驱动来源（Doucette & Mcculloch，2011；Hawkins et al.，2012）、驱动周期（Ma et al.，2012；Millo et al.，2014）、续驶里程与效率（Hawkins et al.，2013）、电力部门的碳减排（Karplus et al.，2013）、碳捕捉与存储（CCS）技术等（Li et al.，2016）等因素。

制定财政补贴以及各种税收优惠等经济激励政策也是推进车用替代燃料发展的重要选择（Pearce，2006；蔡博峰和冯相昭，2011；Brand et al.，2013；Sun et al.，2015）。研究表明，取消化石能源补贴和增加清洁能源补贴对经济发展和环境均有益，但政策制定者应考虑能源补贴取消对居民福利的负面影响（Solaymani et al.，2015；Li et al.，2017）。莫林（Mohring，1972）、德博格和伍伊茨（De Borger & Wuyts，2009）、帕里和斯莫尔（Parry & Small，2009）、巴索等（Basso et al.，2011）、查拉克切夫和希尔特（Tscharaktschiew & Hirte，2010）认为，公共交通补贴能降低私家车出行的需求、拥堵及环境污染的外部性，从而有利于增加福利效应，但道路交通补贴则会降低社会总福利。索莱曼等（Solaymani et al.，2015）指出取消能源补贴对经济和环境有益，但政策制定者应考虑能源补贴取消对居民福利的负面影响，提供一些有效政策来抵消这些消极的影响。宫田等（Miyata et al.，2014）提出给予电动汽车制造、电动汽车运输、太阳能、发电等行业 5%～25% 的补贴，可以实现电气化社会转型，以促进经济发展和资源消耗减少。

车辆购置税、消费税、能源税和碳税等通常被认为是能够有效引导消费者理性消费车用燃料、降低交通能源消耗、减少碳排放的一种重要政策，也是国内外各级政府及管理部门常采用的低碳交通政策选择，但这些税收政策往往会给交通部门的发展、居民消费、福利甚至整个经济系统带来负面影响，尤其是碳税及拥堵费（Wang，2013；Zhou et al.，2018），需要通过设定不同的税率及收费手段进行有效控制，否则很容易遭到反对（Knittel，2012；Sterner，2012）。布兰德等（Brand et al.，2013）运用英国运输碳模型，通过设置九种情景模拟分析了车辆购置税与财政补贴、车辆消费税（道路税）、车辆报废补贴三种财政政策对英国汽车保有、车辆技术选择、燃料使用、车辆碳排放生命周期及政府财税收入等方面的影响，结果表明，车辆购置税与新能源车的价格补贴在加速低碳技术的推行、减少车辆生命周期的温室气体排放方面是最有效的，如果设计得当可以在保证财政收入中性的同时，避免因加税给消费者带来过重的负担；较高的车辆消费税（道路税）也可以成功地减少碳排放，并给政府带来便利的收入来源，但很可能会因为重复征税而遭到驾驶人和汽车团体的反对；而车辆报废补贴对于碳减排的作用效应甚微而且甚至可能在生命周期的基础上增加排放。因此，该文作者提出，为了成功实现低碳运输系统的转换，政府应该尽心设计具有强烈价格信号的激励方案，以“奖励低碳”并“惩罚高碳”。

对于欧盟推行的 ASI 政策管理体系，大量研究结果表明其能够减少排放，还能带来许多其他收益（Weisbrod & Reno，2009）。联合国环境署（UNEP，2011）指出，为了有效实现低碳交通这一目标，必须从限制（A）、转型（S）和改进（I）三个方面同时入手。尼科维斯特和惠特马什（Nykvist & Whitmarsh，2008）提出运输系统技术变革、模式转变及减少出行需求三条可持续发展的路径。技术变革包括改变车辆技术、燃料或动力和信息通信技术的应用，模式转变意味着从私人到集体运输的转变，信息通信技术和信息社会可以通过诸如远程购物和远程工作等新方式减少交通需求（Geels F. W.，2012）。纳卡穆拉和哈亚西（Nakamura K. & Hayashi Y.，2013）将低碳运输措施分为三类：避免战略、转变战略和改善战略，分析不同运输措施对二氧化碳减排的不同影响路径，发现避免战略会减少出行需求，转变战略可以减少汽车依赖，改善战略则能降低排放强度。当然，低碳运输措施的效果可能因城市运输系统和发展阶段不同而有所不同，在这种情况下，根据国家或城市的特定条件制定和选择适宜的低碳交通政策就显得尤为重要。

此外，尽管机动车限行限购等需求管理措施在促进低碳交通工具的使用和减少温室气体排放方面能取得较好的成效，但也会引发社会不公平等负面影响（Harrison G. & Shepherd S.，2014）。交通基础设施建设也因其条块性、资金密集性及长寿命周期，而且需要配套的城市规划等特点，导致长期的路径依赖从而限制了碳减排，在这种情况下，对于发展中国家能否通过公共交通和铁路运输的基础设施投资有效实现低碳交通发展路径存在争议（Park & Ha，2006；Salter et al.，2011；Dhar & Shukla，2015）。

总体来看，交通部门是“去碳化”最难和代价最高的部门，要实现温室气体减排和能源安全的宏伟目标，需要包括政策法规、城市设计、信息技术、价格机制、需求管理及运作等一系列精心策划的组合型策略，以产生协调效应和相互影响（Bristow et al.，2008；Schwanen et al.，2011；Vieira et al.，2007；Kaufmann et al.，2008；Hickman et al.，2012），而且政策的设计应实现碳减排、能源安全及提升空气质量的多重目标（Selvakkumaran & Limmeechokchai，2015；Chaturvedi & Kim，2015），并最小化其对宏观经济、产业部门及社会福利等方面的负面效应（Lah，2015）。

1.2.3 交通能源环境经济的主要研究方法

目前，国内外交通能源环境系统的低碳研究方法有很多，从研究视角及建模方法来看，主要可以分为“自上而下”、“自下而上”和混合型三类（Burgess et al. , 2005；Creutzig，2016）。

第一，“自上而下”的一般均衡或优化模型。这类模型从经济的视角，以能源价格、经济弹性等为主要的经济参数，研究交通能源、气候政策及燃料价格冲击对各经济部门的影响，典型代表有投入产出模型（IO）、可计算一般均衡模型（CGE）及 3Es 模型等。IO 模型基于行业投入产出表，用一组线性方程描述经济部门间的复杂联系，传统的 IO 模型经过适度的扩展可用于交通能源环境政策的分析，其重点主要放在生产和技术连接结构上（Chun et al. , 2014；赵巧芝和闫庆友，2017）。CGE 模型是一种基于一般均衡理论的宏观经济模型，它将微观经济的多个市场和结构连接到宏观经济结构估计上，能有效地模拟与分析交通能源、环境与经济之间的均衡关系及互动影响，主要用于分析促进交通减排政策和制定节能减排目标，对经济增长、就业、消费、进出口、物价等宏观经济因素产生连锁反应（Wang et al. , 2009）。3Es 模型是由日本长冈理工大学开发的能源—经济—环境模型，主要用于分析交通能源效率提升、碳税等节能减排方案下，经济、能源、环境的发展趋势（Liu et al. , 2015）。这类模型较擅长经济分析，但对于技术不能进行详细描述，通常仅反映被市场接受的可行技术，从而低估技术进步的可能性，使用时需充分考虑相关关键技术的作用（Nakata，2004）。

第二，“自下而上”的局部均衡模型。这类模型以工程技术模型为出发点，通过模拟能源生产和消耗来预测未来的能源供应和需求，分析能源对环境的影响。“自下而上”的能源经济环境模型在交通领域的应用主要集中在车辆技术上（Brand et al. , 2012；Yang et al. , 2009；Yan & Crookes，2009），典型代表包括以国际能源署（IEA）为核心开发的

MARKAL 模型、欧盟 EFOM 模型、法国的 MEDEE 模型、瑞典斯德哥尔摩环境研究所开发的 LEAP 模型以及日本国立环境研究所开发的 AIM 模型等。

MARKAL 和 EFOM 模型以能源供应与转换作为切入点，用于分析交通燃料经济性标准，车辆技术引入及其对能源环境、气候变化等方面的影响效果（Dhar & Shukla，2015；Jaskólski，2016；陈文颖和吴宗鑫，2001；赵立祥和王宇奇，2015）。LEAP 和 MEDEE 模型则以能源需求与消费为切入点，可用来分析交通运输的能源需求及其相关的环境影响和成本效益（Yan & Crookes，2009；Sadri et al.，2014；Luukkanen et al.，2015；Hong et al.，2016；Emodi et al.，2017）。AIM 模型是日本国立环境研究所于 1994 年研发的能源终端消费模型，可对人类活动引起的温室气体排放及其对气候变化、社会经济的影响进行综合分析，也常用来评价各种低碳交通政策的效果，并已经在亚太多个国家应用（Fujino et al.，2006；Wen et al.，2014；Selvakkumaran & Limmeechokchai，2015；Mittal et al.，2016）。

“自下而上”的模型技术规范往往较高，能反映出技术的发展潜力，但也容易高估技术进步的潜力，在应用时应关注技术选择的成本及其与能源、交通等部门的内在联系，以更好地进行经济学分析（Nakata，2004）。

第三，混合模型。将“自下而上”和“自上而下”模式的个体优势结合起来，具有经济综合性和技术显性（Schäfer，2012）。典型代表有美国能源部（EIA/DOE）开发的 NEMS 模型、奥地利国际应用系统分析研究所与世界能源委员会合作开发的Ⅱ ASA-CEC E3，以及 CGE-MARKAL、TC-SIM、AIM/Enduse 组合模型。例如，梅斯纳和施拉滕霍尔泽（Messner & Schrattenholzer，2000）运用Ⅱ ASA-CEC E3 模型分析了客货运需求变化下的能源供应情况；舍费尔和雅各比（Schäfer & Jacoby，2005）将 MARKAL 和“自上而下”的 CGE 模型连接起来，分析了在京都协议下，美国气候政策对运输部门及温室气体排放的影响；希克曼等（Hickman et al.，2011）构建 TC-SIM 模型模拟分析了在伦敦

（西方工业化国家城市代表）和新德里（新兴亚洲国家城市代表）两个截然不同的城市，实行低排放汽车、替代燃料、价格机制、公共交通、自行车与步行系统、城市规划、信息通信技术及货运系统等一揽子政策组合的交通碳减排效应；达尔和舒克拉（Dhar & Shukla，2015）运用“自下而上”的 AIM/Enduse 模型，将城市按照人口进行分类，设计基准情景和低碳情景，从城市交通需求、能源消耗技术、混合燃料、CO_2 排放等方面对比分析了两国发展的相同点及城市低碳交通策略的差异性。张等（Zhang et al.，2018）以 AIM/CGE 为基础构建了亚太国家的客运模型，分析了不同区域和不同运输方式的旅游需求、能源消耗及温室气体排放量差异，指出汽车和石油在能源消耗和温室气体排放方面仍然发挥着主导作用，碳排放税将对技术和燃料选择产生重大影响，有助于减少温室气体排放，减缓全球变暖。

混合型模型集成了“自上而下”和“自下而上”两种方式的优点，既充分考虑了价格弹性的作用，又兼顾了技术选择的成本问题，功能相对比较齐全，结构较为复杂，能对全球多区域的复杂交通能源系统进行仿真模拟（Nakata，2004）。

另外，为了探究未来气候变化政策制定中的不确定因素影响，这些因素包括未来车辆性能的不确定性、燃料的排放、替代燃料的可用性和需求以及新技术和燃料的市场部署等，随机建模综合评估模型（IAM）在交通气候变化研究中也得到了广泛的应用（Bastani et al.，2011；Abdul-Manan & Amir，2015）。

1.2.4 交通能源环境政策评估的 CGE 模型应用

1. 能源、环境及气候政策的 CGE 模型应用

能源经济环境模型是研究宏观政策影响、能源经济环境综合评价等的重要工具，始于 20 世纪 70 年代的石油危机时期。随着全球气候变暖和环境的不断恶化，各种分析模型（包括宏观计量模型、系统动力学模

型、一般均衡 CGE 模型、工程经济计算模拟、能源技术核算模型等）被广泛地用于评估与研究能源消费、低碳发展和环境政策等问题，但国际上模拟分析能源、环境以及气候政策最为主流的工具当属一般均衡理论 CGE 模型。CGE 模型创立于 20 世纪 60 年代，最初用于模拟评估未可预料的冲击所带来的影响。20 世纪 80 年代后期随着全球气候变暖、环境污染、能源短缺等问题的日益突出，能源环境问题被引入，用于评估各种环境政策对能源、环境和经济的影响。按照能源环境问题在 CGE 模型中的嵌入方式不同，大致可将能源环境 CGE 模型分为三类：第一类在标准 CGE 模型中增加一个污染或能源模块，采用固定的排放系数将污染和能源使用与各部门的中间投入和产出相联系（Dufournaud et al.，1988；Glomsrod et al.，1992；Conrad & Schroder，1993；Beghin et al.，1997）；第二类通过在生产函数或居民的效用函数中引入污染物的排放控制和治理成本，将环境影响反馈到经济系统中（Robinson，1990；Horridge et al.，2005）；第三类将污染减排行为活动或污染削减技术加入生产函数中（Robinson，1994；Nestor & Pasurka，2004）。进入 21 世纪，随着全球能源约束和环境问题的不断升级，CGE 模型在能源经济与取消能源补贴、征收能源及碳税等环境政策模拟中的应用越来越广泛（Kemfert & Welsch，2000；Nijkamp et al.，2005；Bretschger et al.，2011；Hermeling et al.，2013；Farajzadeh & Bakhshoodeh，2015；Vrontisi et al.，2016）。

国内能源环境经济领域的 CGE 模型研究起步相对较晚但发展较快，尤其是进入 21 世纪后，CGE 模型的应用研究，特别是在能源环境经济领域的应用研究引起了越来越多国内学者的重视。研究者根据需要采用不同的方式将环境因素引入 CGE 模型中，模型开发本身也从静态向动态方向发展。例如，谢剑（1995）开发了静态经济环境综合 CGE 模型，并给出了含有环境因素的扩展社会核算矩阵，包括对污染税、补贴和清洁活动的分析。谢剑和傅斯凯（1997）、魏涛远（2002）、贺菊煌（2002）、林伯强（2008）、魏巍贤（2009）、胡秋阳（2014）等构建静态 CGE 模型模拟了能源价格变化、能源效率提升、征收某一水平的化石能源从价资源税或碳税等对中国 CO_2 减排的效果及对宏观经济的影响。高颖等（2006）和金艳鸣等（2007）将含有环境与资源账户的综合核算模式嵌入传统的 CGE 模型中，分别构建了全国与区域的资源—经济—环境综合核算框架下的社会核算矩阵（SAM）。姚昕和蒋竺均（2011）、刘伟和李虹（2014）以 2007 年投入产出表为基础构建了包含环境治理账户在内的 SAM，并运用 CGE 模型模拟了化石能源补贴改革产生的 CO_2 减排效应及其对宏观经济的冲击。李善同和翟凡（1997）、王灿（2003，2005）、王克（2008）、李娜（2010）、魏巍贤（2014）、娄峰（2014）、肖等（Xiao et al.，2015）、张同斌和刘琳（2017）将动态递归的 CGE 建模方法应用于能源价格调整、技术变化、征收碳税及碳排放约束等政策对减排成本、环境、经济及社会福利的影响分析。

2. 低碳交通政策评估的 CGE 模型应用

与能源—经济—环境领域丰富的 CGE 模型应用研究相比，交通能源政策评价的 CGE 模型应用研究相对要匮乏得多，研究重点主要为运输部门能源补贴改革、公共交通及新能源汽车补贴、燃油经济性标准及碳税征收等政策对经济系统的影响，以及石油价格的类似影响。较为典型的研究模型有麻省理工学院（MIT）全球气候变化科学与政策联合项目开发的 EPPA 模型、欧盟多区域静态 CGE 模型及动态 GEM-E3 模型，以及各国根据本国实际建立的静态或动态 CGE 模型，如中国的 C-REM 模型。

桑多瓦尔等（Sandoval et al.，2009）运用麻省理工学院全球气候变化科学与政策联合项目开发的 EPPA 模型进行经济预测和政策分析。帕尔采夫等（Paltsev et al.，2015）模拟分析了燃油税、碳排放约束及燃料替代技术对氢动力汽车进入市场的影响，发现如果氢气本身不是碳密集的，氢动力燃料电池汽车可以为运输燃料循环的去碳化作出重大贡献；同时，欧洲现有的燃油税结构、碳约束政策及先进生物燃料技术的或缺在一定程度上有利于氢动力车进入市场。卡普拉斯等（Karplus et al.，2010）采用EPPA模型分析了新型乘用车燃料效率提升对燃料价格的响应情况；卡普拉斯等（2013）进一步模拟了美国经济领域的碳排放总量控制、设定碳排放上限和交易制度、车辆燃料经济标准（FES）的政策效应，结果显示，车辆可以通过生物燃料来替代石油，但燃料替代品的排放强度对温室气体排放的净影响是不确定的。如果与电力相关的车辆不受排放标准约束，温室气体排放量的减少将会更低。卡普拉斯等（2015，2017）运用EPPA模型评估了欧盟二氧化碳排放法规对新汽车和现有车辆能源消耗、碳排放、经济及环境的影响。模型结果显示，在欧盟层面，二氧化碳减排任务是为能源政策目标服务的。与长期全球气候变化减缓目标相比，减少石油使用量的效果要好得多；同时，将交通运输纳入欧盟排放交易计划以替代二氧化碳排放标准的策略值得考虑。另外，要求所有部门减少同样的百分比似乎是公平的，但事实证明，至少在运输行业，这种减排设计导致了政策的总经济成本的严重扭曲。

阿布雷尔等（Abrell et al.，2008，2010）运用EU15多区域静态CGE模型，分析了在欧洲范围内对运输部门增加碳税对调整交通运输二氧化碳排放量的影响以及将运输业纳入欧盟排放交易系统的福利效应。结果表明，将交通纳入欧洲排放交易体系的方法优于交通运输的封闭排放交易体系或以征税为基础的方法；其中，将公路运输纳入欧盟排放交易系统，与燃油税和排放交易政策相比，可以提供很高的福利效应；航空的加入也提供了福利；对于海运，分析指出了国际贸易中对海运进行碳管制的重要性；此外，分析还指出将交通部门整合纳入现有的欧盟排放交易系统进一步降低了监管成本，用统一的方法将运输纳入欧盟排放交易体系是最好的选择。卡尔卡特苏利斯等（Karkatsoulis et al.，2017）以欧盟几个研究机构合作开发的递归、动态、模块化的能源经济模型GEM-E3为基础，构建了CGE框架内的综合运输部门GEM-E3T模型，模拟分析了交通运输方式的转变（引入电动汽车）、生物燃料替代、新技术扩散等对欧盟宏观经济和产业的影响。结果表明，欧洲运输部门的脱碳将对欧盟的GDP会产生较小的负面影响，但基础设施的发展、新的车辆技术及生物燃料的生产和化石燃料的进口替代等措施有利于工业、服务业、农业等行业的生产活动，对就业的总体影响也是积极的，不过这些好处可能会因为成本影响而抵消，例如由于各方参与者的市场协调不足、监管不确定性或政策措施和标准设计不完善等原因而增加转型成本，因此避免这种现象出现对于实现交通低碳化转型具有非常重要的现实意义。

托万格等（Torvanger et al.，2009）、查拉克切夫和希尔特（Tscharaktschiew & Hirte，2012）、宫田等（2014）通过构建（多部门）可计算一般均衡 CGE 模型研究了欧盟、德国及日本交通部门提高石油产品价格、取消能源补贴、增加公共交通及新能源汽车补贴等政策对经济和环境的长期影响。分析指出，提高石油价格能显著降低交通部门的能源消耗和空气污染物的排放，取消能源补贴对经济和环境有益，但政策制定者应该关心这些冲击对居民部门的负面影响，为公共交通和新能源汽车提供补贴能促进经济发展、减少资源消耗并增加社会福利。

国内交通运输能源政策研究方面，岸本等（Kishimoto et al.，2015）以 2007 年为基准年，构建了一个多部门、多区域的静态可计算一般均衡经济模型 C-REM，分析了碳税及碳排放约束等政策对中国各地区交通运输系统所产生的影响。分析发现，执行国家级温室气体减排政策对中国各区域交通的影响有显著的异质性。在一些最为贫穷的省份，货物运输和乘客运输受到最严重的影响，在国家层面上，公路货运是受政策影响最大的运输部门。岸本等（2017）进一步构建递归动态 C-REM 模型，分析了中国各省（区、市）实施车辆排放标准对空气污染的影响。分析指出，在中国Ⅲ级或更严格的排放标准，现有车辆全部立即实施车辆排放标准将在 2030 年显著减少交通运输对空气质量降低的贡献，二氧化碳价格加上车辆排放标准，是解决中国空气污染和气候变化有效互补的协调战略。

李等（Li et al.，2017）建立了动态递归 CGE 模型，以分析在排放交易系统的背景下中国电动汽车推广、碳捕捉与存储应用对能源、环境和经济影响。结果表明，电动汽车对减少碳排放强度的影响并不明显，但可以有效减少化石能源消耗，特别是煤炭和石油消耗。张树伟（2007）运用由 IPAC-SGM2002、模式划分模型与 IPAC-AIM/Enduse 软连接的模型框架，综合考查了交通活动水平、结构演进以及汽车技术选择三因子对燃油税政策的响应以及能源消费趋势。分析指出，要实现交通运输与经济增长的脱钩，需要更加严格的政策措施，更加强劲的节能措施与先进技术激励政策。

孙林（2011，2012）将消费者乘用车保有量、新车车型选择和交通工具选择行为嵌入标准的 CGE 模型框架，模拟分析了乘用车节能减排相关的技术和税费政策。结果表明，乘用车燃料消耗量限值标准对于削减汽油消费量具有明显的作用，对经济整体也呈正面影响，但对消费者购买小排量或同排量中的低油耗车没有直接的激励作用；如果单从削减汽油消费量来看，增加高油耗车辆购置税的效果要优于低油耗车的减税优惠政策，如果同时实施低油耗车减税与高油耗车增税，则政策效果更好而且成本更低。陈建华等（2013）从交通行业的产业属性、行业相关性及现行投入产出表的数据基础等角度阐述了将 CGE 模型引入交通运输业的必要性和可行性，并对通行费征收费率变化进行了静态模拟分析。结果显示，完全取消交通通行费对宏观经济及关联行业会产生一定的利好影响但效果不明显，但值得注意的是，取消通行费政策会对公路运输行业产生较为明显的冲击作用。柳青等（2016）采用 CHINA-GEM 一般均衡模型，分析了提高汽车尾气排放标准对环境和经济的影响，发现国 IV、国 V 新标准的实施对于一氧化碳、碳氢化合物、氮氧化合物及颗粒物等污染物的减排效果十分可观，并利于出口导向型行业发展，但会造成劳动力成本上升、GDP 略有下降并会抑制汽车制造等行业的整体发展。

1.2.5 文献述评

随着经济的不断发展、世界人口及机动车数量的迅猛增加，交通运输已成为全球燃料消耗的主导行业，温室气体排放量以惊人的速度上升（IPCC，2007），由此带来的环境污染问题引起了全世界政府与学术界的广泛关注且日趋“白热化”。然而，由于交通运输是一个复杂大系统，交通领域的能源消耗和 CO_2 排放核算、低碳交通政策实施及碳减排实践等方面的研究仍存在不少难点。

1. 关于交通能源消耗与碳排放测算的述评

国际能源署每年都基于部门能源消耗统计各国交通能耗和碳排放水平，但由于中国能源消耗统计口径与国际差异较大，导致很难获得全口径交通领域能源消耗数据。从已有的修正与完善方法来看，基于运输方式的能源消耗与碳排放测算方法及其测算结果，在一定程度上可以反映交通能耗碳排放的运输结构特点，但大多未考虑非运营性道路运输，尤其是私家车运输的能耗碳排放，从而导致统计的交通能耗碳排放数据明显偏低。对于非营运道路运输能耗所采用的“油品分摊估算法”简单易行，但如何确定合适的分摊系数缺乏理论计算支持，且分摊系数应随年度变化。基于车辆的燃油类型、行驶里程及燃油消耗水平的经验估计方法，可对全国机动车道路运输的能源消耗规模进行测算，但难点在于对各类车辆的行驶状况及燃油消耗的准确把握。

综合来看，目前国内文献对于交通运输能源消耗和碳排放的测算，尚未形成统一规范的有效方法。已有研究对我国交通能耗碳排放的测算具有不同程度的参考价值，但由于交通运输能耗碳排放涉及范围广，不同运输方式的交通工具能耗结构、规模及碳排放水平差异较大，也较难测算，各种方法资料来源不同，导致数据繁杂，有时甚至互相矛盾，需要一种较为系统、科学的方法进行全面的测算。

2. 关于低碳交通政策工具及其效果评估的述评

为实现交通运输业的低碳化发展，各国政府与管理部门纷纷制定并提升低碳交通发展的政策与策略。综合发达国家的先进经验可以看出，低碳交通政策包括但不限于战略规划、财税激励、燃油技术及需求控制等方面，但由于各国交通及社会环境的差异，其政策干预方式与力度各不相同，所取得的成效也各有千秋。

综观各国的低碳交通政策研究，燃油经济性标准、车辆技术创新与燃料替代、财政补贴、车辆购置税、消费税、能源税和碳税等政策是国内外学者关注的焦点和研究的热点。研究认为，燃油经济性标准被公认为是控制机动车油耗和碳排放最有效和可行的手段之一，但需要考虑市场的“反弹效应”和“泄漏效应”；技术进步与革新被称为是交通“去碳化”的核心方法，但它能否成功在很大程度上也取决于所谓的“反弹效应”；限行限购等需求控制、车辆购置税、消费税、能源税和碳税等政策通常被认为是能有效实现交通节能减排的重要手段，也是各国政策通常采用的低碳交通政策工具，但政策的实施往往会给宏观经济、产业部门及社会福利带来较大的负面冲击影响。为此，学者们倡议政府制定财政补贴以及各种税收优惠等经济激励政策，并策划包括政策法规、城市设计、信息技术、价格机制、需求管理及运作的组合型策略，通过协调效应实现低碳交通发展。

总之，由于交通运输是国民经济的主导行业与命脉，其低碳化发展必然会促进交通行业发生深刻的变革，同时也会给宏观经济及相关行业带来广泛而深远的影响与冲击，涉及社会、经济、资源环境以及人民生活等诸多方面。组合政策的设计与实施，应综合考量能源安全、碳减排及环境质量提升等多重目标，并最小化政策的负面冲击效应。

3. 关于交通能源环境经济关系的研究方法述评

为了评估低碳交通政策的能源消耗、温室气体减排效应及其潜在影响，国内外学者基于不同的视角运用丰富多样的方法进行深入的研究，众多典型的实用模型，包括 LEAP、MARKAL、AIM、SD 模型以及它们的组合模型为深入地探究交通能源、经济、环境之间的均衡关系提供了广阔的思路与方法，尤其是将一般均衡 CGE 模型引入交通运输行业的能源环境政策评估中，能定量刻画和揭示交通部门与经济系统之间的互动关联特征，有利于加强对政策制定的科学合理性以及政策执行后效果的预判。但综观国内外的研究现状，与能源—环境—经济领域丰富的 CGE 模型应用相比，交通能源环境政策的 CGE 模型应用还较为鲜见。国外学者对于交通运输能源环境政策的 CGE 模型应用研究主要基于 MIT 的 EPPA、欧盟 GEM-E3 等模型框架，或是 EU15 多区域静态 CGE 模型，这类模型中生产、消费、中间投入、国际贸易、能源和税收数据来自全球贸易分析项目数据库，该数据库记录了世界一百多个国家或地区的能源和经济（投入产出）流量，适于全球多区域多部门研究。但模型所依据的数据库相对滞后，例如，已有文献所依据的 GTAP-4 数据库、GTAP-6 数据库主要由 1997 年和 2001 年的投入产出表组成，而且运输部门分类较为粗略甚至没有独立的运输部门（GTAP-4 数据库没有单独的运输部门，而是将运输与贸易结合在一起，GTAP-6 数据库将运输部门分为航空、水路和其他运输），而 CGE 模型中大量的弹性参数由基年的投入产出表直接标定，滞后的数据支持易导致这些参数禁不起统计检验而且直接影响模型的估计精度；另外，由于各国交通运输的基础条件和实际环境具有较强的个性化特征，美国及欧盟等模型所提供的框架容易缺乏针对性从而影响其适用性。

反观国内为数极少的相关研究文献，所构建的大多为静态 CGE 模型，只能在基准年度范围内进行政策的模拟分析，难以动态模拟低碳交通政策的长期累积效应，因此模拟分析功能较为有限；同时，模型所依据的数据库一般是中国 2007 年投入产出表或是 2002 年投入产出表，所模拟的政策也大多限于 2007 年前出台的部分税费政策。

综合来看，已有研究为模拟分析能源消耗、环境、经济的均衡关系奠定了较好的基础，尤其是将 CGE 模型引入交通政策分析中，这对预判交通政策的科学性、合理性及实效性具有重要意义。但当前研究要么未能涉及交通能耗碳排放、环境及经济的全方面，或是仅涉及某种交通方式，或是仅对某项交通政策进行模拟，从而导致模型在交通碳排放、环境、经济及相关交通政策层面的拟合分析功能较为有限。

1.3 研究目标与研究方法

1.3.1 研究目标

本书的研究目标是构建一个涵盖交通能源消耗碳排放、环境、经济和交通政策的动态CGE模型，模拟研究我国实施机动车尾气排放限值标准、燃油碳排放技术进步及交通碳税等低碳交通监管政策的节能减排、环境影响及经济效应，以期在较全面的系统中分析低碳交通发展的单一或多项叠加政策的成本与效益，并据此进行低碳交通监管政策的优化设计，为政府、交通等有关部门提供决策依据，以加快我国低碳交通建设的步伐。

围绕上述核心目标，具体可分解为以下四个子目标。

第一，依据国际能源署统计口径，基于运输方式结构的视角并补充私人等非营运运输，对我国交通能源消耗碳排放进行统计测算，以对现有统计数据进行必要的补充和修正，并客观反映我国交通运输的能源消耗及碳排放水平。

第二，从交通业发展规模、交通运输方式、能源消费结构及节能减排技术等方面对交通碳排放进行驱动因素分解，以把握交通节能减排及政策实施的重点。

第三，构建一个涵盖交通能源消耗碳排放、环境、经济和交通政策的动态CGE模型，探析低碳交通监管政策实施可能引致的直接与间接效应，以期在较全面的系统中分析低碳交通发展的单一或多项叠加政策的"成本与效益"。

第四，依据动态CGE模型，从短期和长期两个视角对交通碳税、机动车燃油碳排放技术提升等方面对低碳交通发展政策进行仿真模拟和优化设计，为未来低碳交通政策制定和实施提供决策依据。

1.3.2 研究方法

围绕构建低碳交通政策效应模拟的可计算一般均衡模型，以统计学、经济学、数量经济学、能源经济学及国民经济核算等学科知识为指导，依据瓦尔拉斯一般均衡理论、投入产出理论、社会核算矩阵等理论，进行理论与实际相结合的实证模拟研究。在实现研究目标的过程中，综合运用了文献分析法、采访调研法、指数分解法、对比分析法、基于 CGE 模型的情景模拟法以及静态分析与动态分析相结合等多种研究方法。

1. 文献分析法

围绕研究目的，收集了该领域大量的国内外研究文献，尤其是国内外低碳交通政策工具、能源环境 CGE 模型的构建及应用等方面的研究成果，以对低碳交通政策研究的背景意义、国内外研究现状、理论基础有一个全面而系统的了解，分析已有研究的不足及可借鉴之处；此外，CGE 模型构建所涉及的弹性替代等技术参数也需要通过文献分析法而获得。

2. 采访调研法

采取网络调查、问卷调查、实地采访等调查方法，并应用多阶段抽样结合简单随机、类型抽样等组织形式进行抽样调查，了解居民低碳出行状况、私家车使用状况、有关部门为提倡低碳交通采取的措施及成效等。

3. 指数分解法

指数分解法是研究交通碳排放驱动因子所采用的主要方法。运用 Divisia 指数分解法（LMDI）将交通碳排放的影响因素分解为交通发展规模效应、能源结构效应、节能技术效应及减排技术效应四种效应，量化各影响因子对交通碳排放总量变化的相对贡献率，为低碳交通政策制定提供参考依据。

4. 情景模拟法

CGE 模型是广泛运用于能源环境问题研究及宏观管理领域的一种政策模拟工具。它综合考虑了经济体中所有市场之间、具有行为最优化的多个经济主体之间的相互联系，并基于宏观经济恒等式，建立了市场主体之间的转移分配关系，因此能够对政策的直接影响和波及效应进行情景模拟，将政策实施前后的情景数值化，通过具体的模拟比较，考察低碳交通政策对相关指标的影响程度。

5. 对比分析法

比较分析法是交通碳排放发展趋势对比、CGE 模型的情景模拟结果分析等过程中所采用的主要方法。通过对比交通碳排放的时间序列变化数据，可以把握我国交通碳排放的历史特征，不同运输方式碳排放特征的对比分析则可以为运输结构优化提供参考依据；更为重要的是，根据 CGE 模型的模拟结果，比较不同政策对节能减排及经济系统的影响差异，并进一步分析造成差异的原因，可以为政策制定提供理论依据。

6. 静态分析与动态分析相结合

为了综合考量低碳交通政策实施的短期和长期效应，将静态分析与动态分析方法相结合。鉴于 CGE 模型的数据是基于 2012 年投入产出表，以此作为政策实施的初始年份进行短期效应的静态分析；本书进一步引入动态机制，分析政策实施的长期积累效应。

1.4 研究内容与技术路线

1.4.1 研究内容

本书内容共分为 7 章，各章的具体内容如下。

第 1 章为绪论。简要阐述研究背景及意义，从低碳交通调控政策，交通能源、环境及气候政策的均衡关系，交通能源环境政策的 CGE 模型应用等方面对相关领域国内外研究现状及文献进行综述；明确研究目标与研究方法、研究内容和技术路线，并指出主要创新点。

第 2 章为理论基础。对低碳经济及低碳交通的内涵进行界定，从可持续发展、外部性及政府管制等角度阐述实施低碳交通政策的理论基础，介绍 CGE 模型的模块构成、闭合规则、动态机制及一般均衡理论、瓦尔拉斯法则、相对价格变动、低碳交通政策对交通节能减排的作用机理等基本原理，为动态 CGE 模型的构建提供理论基础。

第 3 章为我国交通碳排放的统计测算及驱动因子分解。首先，在分析我国交通运输总量及各种运输方式的客货运输量、运输周转量及运输结构的发展变化状况的基础上，将我国交通运输分为铁路、公路（针对当前我国交通运输能源消耗统计口径中非营运车辆能耗缺失的问题，将公路运输分为城际运输和城市运输，其中城市运输包括公交车、出租车及私人车辆等非营业性运输）、水路、航空及管道五种运输方式，全面系统地测算我国交通能源消耗和 CO_2 排放总量，分析其发展趋势。其次，利用改进的 LMDI 分解法将交通碳排放的驱动因子分解为交通发展规模效应、能源结构效应、节能技术效应及减排技术效应四种效应，量化各影响因子的贡献率，重点揭示影响我国交通碳减排的可能途径及低碳交通政策的着力点。

第 4 章为交通碳排放动态 CGE 模型设计与构建。根据交通业低碳能源政策分析需要，结合《国民经济行业分类》（GB/T 4754—2017）、《中国能源统计年鉴》的行业分类，依据 2012 年投入产出表将产业部门划分为 29 个部门；在此基础上依据瓦尔拉斯一般均衡理论，构建一个包括生产模块、能源模块、价格模块、收入模块、消费模块和均衡条件的标准能源环境 CGE 模型。然后，按照“谁排放，谁负担”的原则将交通碳排放和环境税费嵌入燃料需求模块，构建一个涵盖经济、交通和燃料产业、客货运输部门以及居民交通选择行为的动态 CGE 模型，以探究交通能源消耗碳排放与环境经济的均衡机制。

第5章为CGE模型的数据基础与参数标定。以投入产出表为基本框架，结合资金流量表，劳动力、资本存量、居民家庭调查数据、财政税收数据，以及机动车产业、能源、燃料、交通运输等领域的数据，以交叉熵（cross entropy，CE）作为平衡技术，编制宏微观社会核算矩阵（SAM）；获得模型的基础数据库之后，对模型的份额参数和弹性系数进行校准。

第6章为低碳交通监管政策效应的模拟分析。确定CGE模型的静态与动态基准情景，设计不同的政策情景。先对交通碳税及机动车尾气排放新国标两项监管政策进行单一效应模拟，分析不同税率的交通碳税征收政策及机动车尾气排放新国标政策的实施对交通运输部门及全社会能源需求、碳排放、宏观经济以及社会福利的影响。再进行政策的组合模拟和评估，分析低碳交通政策的叠加效应，依此探讨了政策优化的方向。

第7章为研究结论与政策启示。根据实证分析和CGE模拟结果，从完善交通能源消耗和碳排放统计体系、强化交通能源技术标准的规制型政策制度建设、加强交通运输节能减排政策法规制度建设、大力推进新能源交通工具使用、实行部门差异化与能源类型差异化的碳税税率、碳税组合政策的实施等方面构建适宜我国低碳交通发展的政策路径。此外，本章指出了本书的局限性及不足之处，并提出了未来的研究展望。

1.4.2　研究思路与技术路线

研究思路遵循：数据收集及测算→模型构建→仿真模拟→政策设计。

1. 交通能源消耗碳排放测算

参考《2006年IPCC国家温室气体清单指南》，将交通运输CO_2排放的测算模型分为两大类：一是“自上而下”模型，基于各类交通运输方式所消耗的燃料类型、消耗量等统计数据进行核算；二是“自下而上”的 Spread Sheet 模型，基于不同交通方式的交通工具类型、数量、行驶里程、单位行驶里程的燃料消耗等数据计算燃料消耗总量，进而计算 CO_2 排放量。

从中国交通运输领域的燃油供应及统计数据来看，营运性运输的燃料消耗统计数据具有可获得性，可选用“自上而下”模型核算；非营运运输方式则缺乏相应的能源消耗数据，需运用“自下而上”模型进行估算。

2. 交通能耗碳排放—环境—经济的动态 CGE 模型构建

首先，构建一个由生产模块、能源模块、需求模块、价格模块、收入模块、消费模块和均衡条件所构成的标准能源环境 CGE 模型。然后，按照“谁排放，谁负担”的原则将碳排放和能源环境税费嵌入能源需求模块，并引入动态机制构建动态 CGE 模型，以实现低碳交通管理的政策模拟。能源消耗碳排放税费开征之前，能源投入价格等于能源市场上的一般需求价格，由能源市场供需均衡决定；开征能源消耗碳排放税费之后，能源投入价格在市场均衡价格上叠加能源消耗碳排放税费，从而影响能源市场和所有商品市场的供需均衡，模型进入新的均衡。

3. 模型数据库构建和基准情景确定

以投入产出表为基本框架，结合资金流量表、劳动力数据、资本存量数据、宏观经济数据、居民家庭调查数据、财政税收数据，以及机动车产业、能源、燃料、交通运输等领域的数据，以交叉熵（CE）作为平衡技术，构建动态 CGE 模型的数据库，即社会核算矩阵（SAM），并根据基准年数据及未来宏观经济、机动车产业的相关预测数据，由模型计算程序生成用来与政策模拟作比较的动态基准情景。

4. 低碳交通发展政策模拟分析及优化设计

确定 CGE 模型的基准情景后，设计不同的政策情景，对低碳交通监管政策的实施效应进行模拟，优化低碳交通发展的政策设计。

依据上述研究思路，绘制本书研究的技术路线如图 1－1 所示。

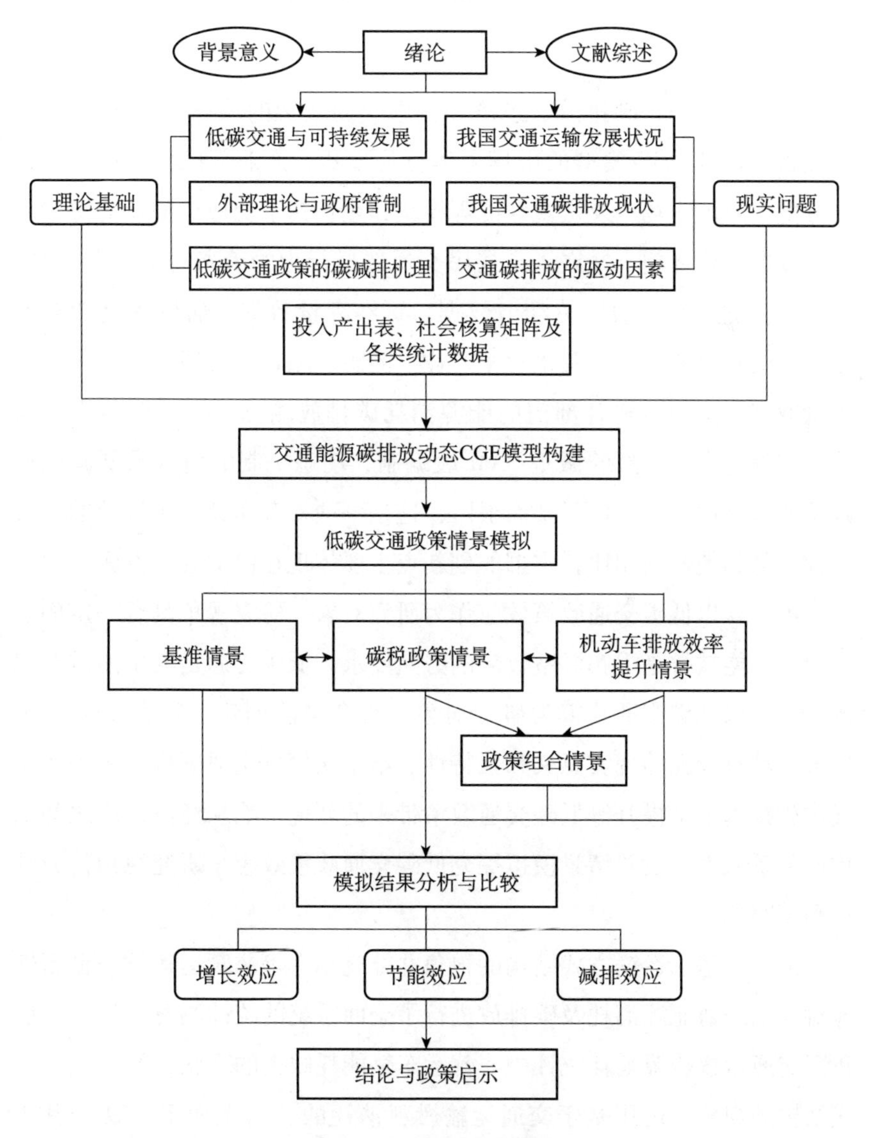

图 1－1　研究技术路线

资料来源：笔者绘制。

1.5 主要创新点

交通能源消耗碳排放、经济和低碳交通政策的动态 CGE 模型，不但覆盖了标准 CGE 模型的市场主体行为模式，产业部门的生产、所得与分配，外汇市场以及宏观经济等模块，还包括了交通运输及能源消耗碳排放的细化部门，并嵌入了居民交通选择行为的消费需求细分模块，需要结合资金流量表、劳动力数据、资本存量数据、居民家庭调查数据、财政税收数据，以及机动车产业、能源、燃料、交通运输等领域的大量数据。交通运输各部门的能源消耗碳排放测算、CGE 模型中各模块的方程建立、扩展的微观 SAM 表编制、动态机制的引入及低碳交通政策的仿真模拟等工作复杂而艰巨，这是一项复杂而具有挑战性的系统工程。与其他研究相比，本书的创新点主要体现在以下五个方面。

第一，以低碳交通政策效应作为研究对象，研究视角具有一定的独特性。节能减排是缓解温室效应的必然要求，低碳交通是其中的重要组成部分，以低碳交通政策为研究对象，符合当前创建“绿色社会”的理念，具有较强的现实意义和独特性。本书从探索交通碳税、机动车尾气排放技术水平提升等低碳交通政策带来的环境影响和经济效应之间的均衡关系入手，设置情景模拟探究低碳交通政策效应，研究视角比较独特和新颖。

第二，基于运输方式结构的视角并补充私人等非营运运输，创新性地对我国交通能源消耗及碳排放进行了全面系统的统计测算。针对当前我国交通运输能源消耗统计中非营运车辆能耗缺失的现状，基于运输方式结构的视角，运用基于交通运输燃料消耗的“自上而下”法和基于交通行驶里程（VKT）的“自下而上”法，分别测算各种运输方式客货运输的能源消耗碳排放，并补充私人等非营运运输的能耗及碳排放，以对现有统计数据进行必要的补充和修正，与国际统计指标接轨，使指标具有可比性，并客观反映我国交通运输的总能源消耗及碳排放水平。

第三，采取混合式方法（hybrid），创新性地编制了扩展的交通能源消耗碳排放社会核算矩阵（SAM）。首先，以2012年中国投入产出表为主要依据，结合宏观经济数据，沿用“自上而下”方法编制建立在纯社会经济系统基础上的基准SAM。然后，引入各种交通运输方式及居民部门的交通能源消耗核算账户，采用“自下向上”方法，创新性地扩展编制了含有资源、交通环境等账户的微观细化SAM表，以清晰地刻画各经济主体、生产与消费行为以及要素与商品市场间的相互关联，为交通能源消耗碳排放CGE模型提供一个全面性、一致性和均衡性的数据库。

第四，构建交通能耗碳排放—环境—经济的动态CGE模型进行低碳交通政策的仿真模拟和优化设计，是一个创新性的探索。将交通能源碳排放及环境因素，特别是将居民交通选择行为嵌入CGE模型中，探析在居民效用最大化行为选择下各种低碳交通政策对能源消耗碳排放、环境及经济系统的影响及波及效应，这一研究具有较强的创新特色并可为低碳交通政策的调整与优化提供决策参考依据。

第五，依据所构建的动态CGE模型，创新性地对交通碳税及机动车碳排放技术水平提升政策进行了单项及叠加效应的模拟研究。随着能源环境问题的不断升级，能源环境CGE模型应用越来越丰富和完善。但当前国内外研究的重点大多集中于宏观能源经济环境领域，较少涉及具体的行业分析，尤其鲜见于能源消耗和碳排放大户的交通行业。同时，已有文献对于碳税政策的影响效应研究，倾向于从宏观的角度出发，将侧重点放在社会经济指标、能源环境和对居民生活水平的提高方面，鲜有文献探究对高能耗高碳排的交通运输部门征收碳税可能引致的直接与间接影响。此外，由于监管政策的实施很少是单项的，本书将交通碳税及机动车碳排放技术水平提升政策进行组合，模拟低碳交通政策的叠加效应也具有较强的创新性。

第 2 章　理论基础

2.1　相关理论基础

2.1.1　低碳交通相关理论

1. 低碳经济

随着工业化和城市化进程的加快，大量化石能源的使用，温室气体浓度显著上升，导致全球气候剧烈变化。全球气候变暖引发的诸如冰川融化、生态系统退化、自然灾害频发等严重后果，以及由此带来的环境问题、卫生问题、能源问题等，已成为人类社会发展的最大威胁；而化石能源有限性与经济发展需求无限性，使得开采和使用化石能源的技术难度越来越大，经济成本越来越高。人类社会发展迫切要求创新经济发展模式，有效提高化石能源利用效率，开发其他非碳基清洁能源和可再生能源，逐步摆脱对化石能源的依赖。

在这样的背景下，产生了低碳经济的概念。低碳经济问题纳入经济学研究的视野可追溯至美国经济学家莱斯特 · R. 布朗的"能源经济革命论"。莱斯特 · R. 布朗（1999，2002）认为，建构零污染排放的无碳能源经济体系的核心，在于将以碳基化石能源为主的经济体系向以太阳能、氢能等清洁能源为基础的经济体系进行转变。"能源经济革命论"开启了低碳经济思想的探索先河，引发了经济学家对低碳经济的概念与发展模式的研究和讨论。

“低碳经济”作为学术术语最早出现于20世纪90年代后期的研究文献，首次出现在官方文件中为英国政府2003年2月24日发表的《我们未来的能源：创建低碳经济》白皮书。英国政府为应对严重的气候变化和能源供应量的下降，提出了能源政策的新目标，并将低碳经济定义为“通过更少的自然资源消耗和更少的环境污染，获得更多的经济产出”，其实质是经济发展要逐步提高能源利用效率，优化能源结构，改变高度“碳依赖”的生产消费体系和发展模式，实现发展与碳排放的脱钩。英国白皮书虽然没有给出明确的“低碳经济”定义，但引起了国际社会探索低碳经济发展路径的热潮。

国内外学者普遍认同低碳经济是一种绿色的、生态的经济形态和发展模式，是经济可持续发展的战略模式，这是低碳经济的内涵和外延的扩大化。也有学者认为低碳经济就是低碳生活，而这一观点恰恰反映了低碳经济的目标与实现途径。综合这两类观点，笔者认为，低碳经济是“低碳”和“经济”的综合体，是人类面对全球生态环境困境的一种自省，是实现经济社会可持续发展的一种新的经济发展形态和发展模式，即通过技术创新、提高能源利用效率、改变生活方式等途径，最终实现人类与自然和谐相处的新模式，其目标是社会经济向低碳排放、低能耗、高能效的模式转型。

在低碳经济内涵中，“低碳”是指最大限度地减少对化石能源的依存度，通过提高能耗技术水平，开发新型、绿色的能源种类，最终实现能源结构的优化。“经济”则是在最大化产出和长期经济增长的前提下，在能源利用转型的基础上和过程中继续保持稳定和可持续性的经济增长。低碳经济具备经济特征、目标特征以及技术特征，它以低排放的生态经济为引导思维，以能源高效利用、清洁能源开发为主要内容，以低碳经济和低碳生活为实现目标，以技术创新和制度创新为实现途径，以实现经济、社会和环境的协调可持续性发展。

2. 低碳交通

低碳交通，是在低碳经济和低碳社会的背景下产生的。“低碳经济”是指以应对全球气候变暖和化石能源有限性为目的，以低碳产业为基础，以低碳排放为出发点的低能耗、低排放、低污染的经济发展模式。在低碳经济的理念下，2004 年日本提出“低碳社会”的概念，低碳社会是通过生活方式与消费理念改变、低碳技术的发展与应用等手段减少温室气体的排放从而实现“低碳”的发展效果。根据低碳经济和低碳社会的内涵，低碳交通归属于低碳经济的范畴，是低碳经济在交通领域的具体体现。

（1）低碳交通内涵。交通运输作为国民经济的核心产业，对社会经济发展起着基础性和先导性作用。但随着社会经济的发展，交通运输量急剧增加，致使交通运输能源消耗量和碳排放量在国民经济行业中有着较高占比，并且保持持续增长态势，形成较高的社会成本及较大的环境资源压力，严重影响社会经济的发展效率。

低碳交通其本质是降低交通方式碳排放量，是交通领域内部某些方面的“低碳化”。然而，交通系统是一个包含资源（能源）、技术、社会经济结构的多维系数，仅局限于交通方式，降低了低碳交通的范畴。因此，应该立足于交通领域的各个环节，从狭义和广义两个层面对低碳交通进行内涵界定。

狭义的低碳交通是交通运输的低碳化，是根据各种运输方式的现代技术经济特征，通过系统调节和创新应用绿色技术等手段，实现交通运输结构优化、交通需求有效调控、交通运输组织管理创新等目标，最终实现交通领域的全周期全产业链的低碳发展（黄体允，2012）。广义的低碳交通是指以可持续发展为目的，以提高能源效率、降低碳排放为操作目标，通过交通建设结构低碳化、交通运输结构低碳化、能源利用低碳化、交通管理低碳化、交通工具低碳化、环境管制低碳化、财税政策低碳化、管理机制低碳化等多维途径，构建新型低碳交通体系。

（2）低碳交通的实现途径。低碳交通的本质就是通过各种方式和手段控制交通工具的出行规模和降低交通工具的碳排放强度，以限制型低碳、转型型低碳和改进型低碳为途径，实现城市交通体系的低碳化发展。

限制型低碳是以减少不必要交通出行需求来实现交通低碳化的一种方式。这一措施包括：通过优化土地利用构成和交通规划，使得居住园区、生活园区、教育园区等区域功能布局合理化，实现不必要交通出行需求的减少；综合使用税费（如过路费、停车收费、车辆税和燃油税）等经济调控措施减少出行需求；提倡生产与消费的本地化降低货运需求；优化物流规划以降低空车行驶并保证货车满载率。

转型型低碳是提倡个体机动方式向公共交通方式转变，优化城市交通出行结构，实现高能耗、高排放、低效率的交通发展模式向低能耗、低排放、高效率的低碳发展模式转变。这一措施包括：提高公共交通高频、可靠、经济和舒适的服务质量，降低私人汽车出行比例，实现公共交通向人性化、集约化、可持续的方向发展；明晰的慢行交通发展定位和发展策略、合理的规划布局和以人为本的细部设计指引是系统构建慢行环境的关键，大力发展慢行交通。

改进型低碳是通过技术研发与推广从源头上降低单位交通运输工具的初始排放，从而降低交通系统的整体排放，达到城市低碳交通发展的目标。这一措施主要包括减少传统内燃机的耗油，降低车重或开发电力和混合动力汽车、生物燃料技术和氢燃料技术等。

2.1.2　可持续发展理论

20 世纪中叶，人口快速增长和不可再生资源的耗竭引发了人们对诸如粮食供应、气候恶化等社会发展与环境问题的担忧，可持续发展问题被提到议事日程。1962 年，美国生物学家蕾切尔·卡逊在其《寂静的春天》作品中，描述了农药无限制地使用可能造成的灾难性局面，从而为人类的无节制增长敲响了警钟（Rachel，1962）。此后，罗马俱乐部在其所公布的研究报告《增长的极限》中，质疑和警告过度追求增长的发展模式，并明确提出持续增长和合理的、持久的均衡发展概念

（丹尼斯·米都斯等，1997）。“增长极限论”的问世引发了人们对环境质量与经济增长的关系辩论并转向对环境的关注，1980 年，国际自然保护联盟在其颁布的《世界自然保护大纲》文件中首次提出可持续发展术语，并分析了可持续发展、可持续利用及可持续增长等概念的区别（韩鲁安，2011）。随后，《我们共同的未来》（1987）、《发展与环境》（1992）、《里约宣言》（1992）、《21 世纪议程》（1992）等社会经济环境相关研究报告和国际公约发表与公布，世界各国将关注点从单纯的环境治理转向社会与环境协调发展，并引发了可持续发展理论和方式的多维度、高深度的探讨与研究。

可持续发展强调的是人类的各种需求和资源、环境的限度，衡量可持续发展必须从经济、环境、资源、社会四个方面统一进行系统的考察。对于可持续发展的认识，其内涵就是强调自然资源的持续利用、生态环境的持续改善、经济水平的持续提高、社会进步的持续发展。因此，作为经济社会发展内生要素的资源和环境，对社会经济发展的规模和速度起着关键性的刚性约束（苏为华，2014）。交通可持续发展是以可持续发展理念为基础，在环境资源承载许可的条件下，对交通生产要素进行优化配置，以实现交通运输与经济、环境、生态及社会协调发展的运行模式。交通是一个复杂的大系统，需要以系统、整体与可持续的发展观，协调和平衡交通运输与经济、生态和社会等子系统之间的相互作用、制约、联系、影响及依存关系，既满足社会经济发展对交通运输的需求平衡，又能实现交通业发展与资源约束、环境承载能力之间的平衡，达到交通、经济、资源、环境与生态系统的健康可持续发展。

2.1.3 外部性理论与政府管制

外部性是指在经济系统中，单一经济主体的经济行为引起了其他经济主体利益或整个社会福利的变化，这种变化并没有通过市场价格反映出来。依据方向不同，外部性可分正外部性与负外部性。正外部性是指从事经济活动的主体给其他主体带来了不需要付费的收益，负外部性则是指某些经济主体从事的经济活动给其他主体带来了不利的经济成本，但却未承担或未完全承担此类外部成本。外部性的存在可理解为经济活动之外的其他主体被动承受了来自经济活动主体的收益或成本，它意味着私人边际成本与社会边际成本存在一定的差异，因而无法实现社会资源的帕累托最优配置。

图2－1刻画了外部性对经济效率的影响效应。图2－1（a）中，D和D′分别为私人利益和社会利益下的产品需求曲线，S为在私人成本与社会成本达到均衡（即相等）时的产品供给曲线。一般而言，曲线D在D′的左下方，即私人利益小于社会利益，正外部性体现在线段bc上。对于私人，最适产量Q_1为D与S均衡点a所决定的产量。对于社会，最适产量（即最大社会福利产量）Q^*为D′与S均衡点b决定的产量。$Q_1 < Q^*$，说明正外部性导致了生产的不足，降低了经济效率。

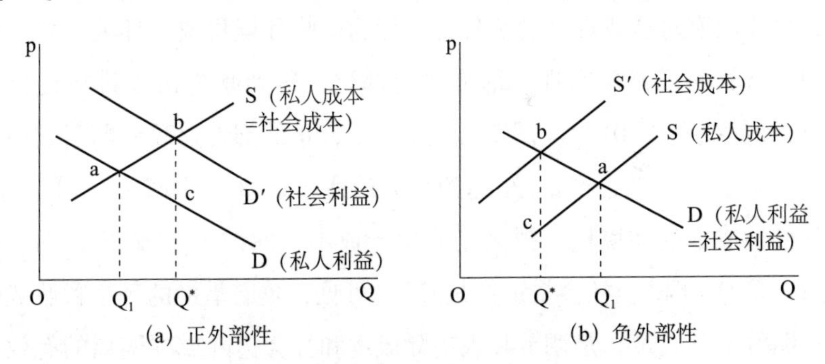

图2－1 外部性对经济效率的影响

资料来源：张元鹏（2003）。

同理，图2－1（b）中，S和S′分别代表私人成本和社会成本下的产品供给曲线，D为在私人成本与社会成本达到均衡（即相等）时的产品需求曲线。S位于S′的右下方，即社会成本大于私人成本，负外部性成本为线段bc。D与S的均衡点a决定了私人的最适产量Q_1，D与S′的均衡点b决定了最大社会福利产量Q^*。由$Q_1 > Q^*$可知，负外部性导致生产过多，也降低了经济效率。

环境问题的根源在于环境的外部性特征，无论是正外部性还是负外部性，都会影响到环境资源的优化配置。交通尾气排放所造成的环境污染正是环境负外部性的典型例证，由于交通尾气排放所导致的负外部性存在，给社会和居民带来了严重的环境污染负效应，即产生了负外部成本但却未为此承担环境污染成本，此时社会边际成本会大于私人边际成本，使得运输厂商按利润最大化原则确定的运输产量与按社会福利最大化原则确定的产量发生严重的偏离，从而导致环境资源无法实现优化配置，进而加重环境污染问题。

依据上述原理，解决环境负外部性问题的主导思路是内部化外部成本。为此，经济学家们提出了解决外部性问题的三种常用手段，即庇古手段、科斯手段和政府管制手段。

庇古手段侧重于采取政府干预的方式，通过制定税收和财政补贴等经济政策，来解决环境资源生产与消费中出现的外部性问题。庇古认为，只要政府对造成环境的负外部性行为征收环境税或对环境正外部性行为进行补贴，就能实现外部成本内部化，达到减少污染排放的目标（李虹和熊振兴，2017）。图 2－1（a）中，正外部性财政补贴引致曲线 D 移至 D′，企业最适产量 Q_1 达到社会最适产量 Q^*。图 2－1（b）中，负外部性成本的环境税，提高企业生产成本，曲线 D 移至 S′，则企业最适产量 Q_1 下降至社会最适产量 Q^*。可见，政府借助的环境税收或财政补贴等干预政策，是调节私人边际成本和社会边际成本偏离的有效手段，能有效实现环境资源的帕累托均衡效益。

与庇古手段不同，科斯主张利用市场手段解决环境外部性问题。依据现代产权理论，科斯认为，政府无须对外部性问题进行干预，只要产权界定清晰，交易成本为零，市场行为将自发实现外部性问题内部化，让受影响的各利益方通过市场交易实现资源的帕累托最优结果。环境污染的日益严重提高了环境资源的相对价格，如果运输企业仍以零成本排放污染，导致环境负外部性问题，外部性边际成本等于环境资源使用的边际成本。明晰环境资源产权后，环境资源的稀缺价格会在市场交易中体现，由于承担了环境资源使用的边际成本，运输企业的私人边际成本增加到社会边际成本。

政府管制主要是指政府部门依据有关法律法规，对产生外部成本的行为进行干预和控制。以交通环境污染为例，政府通过制定规章制度、行政法规及政策规定，如碳排放总量控制制度、排放许可制度及需求控制政策等，对机动车尾气或污染排放行为加以取缔与惩罚。倘若行为者有效地控制机动车的污染排放，则会引起外部成本的降低；倘若行为者无视污染排放，使环境外部性成本增加，政府将予以取缔与惩罚，间接地使外部成本内部化。无论是直接降低外部成本，或是间接使其内部化，其最终目的都是使私人成本与社会成本达到一致，从而使环境污染的控制取得实效。

2.2 低碳交通监管政策的碳减排作用机理

2.2.1 我国低碳交通发展的相关政策

我国政府历来就注重交通运输领域的节能减排及可持续发展问题，在国家低碳发展的理念引导下，先后制定了交通运输战略规划、行政法规、财税激励、燃油技术以及需求管理等一系列低碳发展政策。尤其是近年来，随着经济的快速发展、城市化和机动化水平的不断提高，交通运输需求持续、快速增加，导致能源消耗和碳排放量急剧增长，由此带来的能源安全及环境气候问题日益严峻，各级政府与管理部门更是不断调整与创新交通运输的能源发展战略与政策措施。

1. 战略规划与行政法规

从20世纪80年代起，交通运输部按照国家能源战略方针，先后制定并实施了《交通行业节能管理实施条例》《交通行业节能技术政策大纲》《全国在用车船节能产品（技术）推广应用管理办法》《交通行业实施节约能源法细则》等规章制度。进入 21 世纪，交通运输行业的低碳发展战略与方针政策正式走向科学化、系统化及规范化的轨道，先后出台了《交通建设项目环境保护管理办法》《交通行业全面贯彻落实国务院关于加强节能工作决定的指导意见》《公路水路交通运输节能减排“十二五”规划》《交通运输行业“十二五”控制温室气体排放工作方案》《加快推进绿色循环低碳交通运输发展指导意见》《交通运输节能环保“十三五”发展规划》及《“十三五”交通领域科技创新专项规划》等多部交通行业节能及低碳发展的相关文件（见表 2 – 1）。

表 2 – 1　　低碳交通发展战略规划政策

年份	相关政策
“十五”计划（2001 ~ 2005 年）	《交通建设项目环境保护管理办法》
“十一五”规划（2006 ~ 2010 年）	《交通行业全面贯彻落实国务院关于加强节能工作决定的指导意见》《公路水路交通节能中长期规划纲要》《公路水路交通实施〈中华人民共和国节约能源法〉办法》
“十二五”规划（2011 ~ 2015 年）	《交通运输行业应对气候变化行动方案》《公路水路交通运输节能减排“十二五”规划》《关于公路水路交通运输行业落实〈国务院“十二五”节能减排综合性工作方案〉的实施意见》《建设低碳交通运输体系指导意见》《交通运输行业“十二五”控制温室气体排放工作方案》《铁路“十二五”节能（环保）规划》《加快推进绿色循环低碳交通运输发展指导意见》
“十三五”规划（2016 ~ 2020 年）	《“十三五”现代综合交通运输体系发展规划》《交通运输信息化“十三五”发展规划》《节能与新能源汽车产业发展规划（2012 ~ 2020 年）》《交通运输节能环保“十三五”发展规划》《“十三五”控制温室气体排放工作方案》《节能中长期专项规划》《“十三五”节能减排综合工作方案》《“十三五”交通领域科技创新专项规划》

资料来源：笔者根据交通运输部政策规划整理。

特别是哥本哈根世界气候大会之后，中国政府向国际社会郑重承诺，到2020年，单位国内生产总值的二氧化碳排放强度比2005年下降40%～45%。为实现这一目标，交通运输部率先采取行动，于2011年初确定选择天津、重庆、深圳、厦门、杭州、南昌、贵阳、保定、武汉、无锡10个城市启动首批低碳交通运输体系建设试点项目，并于2012年将北京、昆明、烟台等16个城市纳入第二批试点城市，要求试点城市建设低碳交通基础设施与智能交通运输体系，推广低碳交通运输装备的应用，优化交通发展模式，提升低碳交通发展理念并建立健全交通运输碳排放管理体系。同时，于2009发布《关于开展节能与新能源汽车示范推广试点工作》的通知，不断加大对新能源汽车的扶持力度，将2009年确定的新能源汽车示范推广试点城市由13个分批增加至88个，要求试点城市加快汽车产业结构调整，在公共交通等领域率先推广使用节能环保的新能源汽车。2015年巴黎气候大会以后，中国政府进一步承诺到2030年单位国内生产总值二氧化碳排放强度比2005年下降60%～65%，在2013年发布《关于继续开展新能源汽车推广应用工作的通知》的基础上，先后确定两批共40个新能源汽车推广应用城市，并通过多种政策补贴与途径扩大新能源汽车消费，在推进新能源汽车产业化发展与低碳交通建设方面起到了积极的作用。

2. 税收激励与财政补贴

由于交通运输业能源消耗和温室气体排放量的迅猛增长，其对能源安全及气候变化的贡献将会抵消其他部门的节能减排成效。因此，通过财税政策激励交通业低碳发展并遏制其温室气体排放成为政策管理的重要组成部分。

（1）税收调节政策。就交通运输的能源安全及环境问题而言，税收的用途主要是在相关的能够减少能源消耗、污染或排放的方面，即符合税收中立、污染或排放方承担减少排放和消除污染成本的原则。目前我国有关低碳交通运输的税种贯穿于交通工具的生产、购买、保有及燃料使用多个环节。具体来说，生产环节涉及企业所得税、增值税；购买环节涉及购置税、消费税、关税等；保有与使用环节涉及车船税、燃油消费税等。2014 年经国务院批准，取消了小排量摩托车和车用含铅汽油的消费税，统一按无铅汽油税率征收消费税；2016 年，财政部和国家税务总局对进口自用且完税价格 130 万元及以上的超豪华小汽车作了进口环节消费税的调整；2018 年，国家税务总局发布了《关于成品油消费税征收管理有关问题的公告》，以加强汽油、柴油、航空煤油、石脑油、溶剂油、润滑油、燃料油等成品油消费税的征收管理。

同时，为促进低碳交通工具的创新发展，国家税务总局、财政部先后下发了多项企业所得税优惠措施，以奖励高新技术领域中的生物燃料、智能交通技术等技术创新工作。同时，为激励小排量汽车与新能源汽车的生产与消费，国务院 2002 年发布了《节能与新能源汽车产业发展规划（2012 ~2020 年)》规定，购买节能、新能源汽车减免车辆购置税和消费税；对纯电动汽车、插电式混合动力车在 2011 ~2020 年内免征车辆购置税（占整车价 10% 左右)；对普通混合动力车，在 2011 ~2015 年的五个年度内车辆购置税和消费税减半。财政部、商务部于 2010 年联合下发《关于允许汽车以旧换新补贴与车辆购置税减征政策同时享受的通知》，规定对高油耗车实行 15% 的惩罚性购置税率，对于符合相关条件的低排量车主则容许其享受车辆购置税减按 7. 5% 征收，并可享受“以旧换新”补贴双重优惠（杨楚婧，2018)。2012 年新版的《车船税法》对于部分节能环保型车船的车船税进行了减免。2015 年，财政部、国家税务总局、工业和信息化部联合发布了《关于节约能源使用新能源车船车船税优惠政策》的通知，对节约能源车船减半征收车船税，并对使用新能源车船免征车船税。2016 年，财政部和国家税务总局发布关于《城市公交企业购置公共汽电车辆免征车辆购置税》的通知，自 2016 年 1 月 1 日起至 2020 年 12 月 31 日止，对城市公交企业购置的公共汽电车辆免征车辆购置税。为了进一步支持新能源汽车产业的创新发展，2017 年四部委联合发布《关于免征新能源汽车车辆购置税的公告》，规定自 2018 年 1 月 1 日至 2020 年 12 月 31 日，对购置的新能源汽车免征车辆购置税。

（2）财政补贴政策。除税收激励政策之外，中央与地方还设立了多项财政补贴专项资金激励交通行业进行低碳改造。2011 年财政部、交通运输部联合发布《交通运输节能减排专项资金管理暂行办法》，中央财政首次从车辆购置税和一般预算资金中安排专项资金，用于支持公路水路交通运输节能减排项目，重点支持节能减排新技术、新工艺研发和应用，以及参加“车、船、路、港”千家企业低碳交通运输专项行动的企事业单位。2010 年和 2011 年，民航局争取中央财政预算内资金 6 亿元，用于航空公司、机场的节能减排工作；2012 年民航局、财政部联合下发《民航节能减排专项资金管理暂行办法》，要求加强民航节能减排专项资金的管理，提高资金在民航节能技术改造、新能源应用及航路优化等方面的使用效益，有效地推进民航业节能减排工作有序进行。

此外，针对公共交通与智能交通、新能源汽车推广使用等方面，国家发改委、财政部与地方政府更是多次出台《关于燃料乙醇亏损补贴政策的通知》（2004）、《关于开展私人购买新能源汽车补贴试点的通知》（2010）、《关于一步完善投融资政策促进普通公路运输持续健康发展的若干意见》（2011）、《节能减排补助资金管理暂行办法》（2015）、《关于调整完善新能源汽车推广应用财政补贴》（2018）、国家“863”计划对新能源汽车技术研发的财政补贴、地方政府的公交卡 IC 卡补贴等一系列财政补贴政策与规定办法。

3. 燃油技术与排放标准

由于我国汽车产业从 2000 年前后才开始进入规模化的发展阶段，因此，交通领域的燃油技术与排放标准政策相对较为滞后，但近年来政府一直在积极行动。为完善交通业行业节能减排标准体系，提升运输领域的车辆与燃油技术，我国陆续制定了一系列交通工具燃料消耗量限值及排放标准、车辆燃料消耗量检测和监督管理办法等规制性政策。

（1）运输工具的燃料消耗量限值标准。2004年9月，国家质量监督检验检疫总局和国家标准委发布了中国首个汽车油耗强制性国家标准《乘用车燃料消耗量限值》（GB 19578－2004），该标准是以整车整备质量来确定汽车的耗油量，要求分两个阶段实施，其中，新认证车第一阶段的执行日期为2005年7月1日，第二阶段的执行日期为2008年1月1日，在生产车两个阶段的执行日期分别为2006年7月1日和2009年1月1日，目的是促进汽车改进发动机性能，提高整车油耗效率，引导消费者购买低油耗乘用车，进而遏制不断增长的燃料消费量势头。为进一步完善乘用车节能管理制度，2011年颁布《乘用车燃料消耗量评价方法及指标》（GB 27999－2011），在单车燃料消耗量限值基础上提出了企业平均燃料消耗量的目标值；迄今为止，已形成了第四阶段标准方案，即《乘用车燃料消耗量限值》（GB 19578－2014）和《乘用车燃料消耗量评价方法及指标》（GB 27999－2014）。为有效控制并不断降低乘用车燃料消耗量，加快培育和发展节能与新能源汽车发展，2019年1月工信部组织行业机构和重点企业单位开展了面向2025年的第五阶段《乘用车燃料消耗量限值》和《乘用车燃料消耗量评价方法及指标》的制定工作，以取代第四阶段标准。

商用车及其他交通运输工具方面，2008年1月1日我国开始实施《轻型商用车辆燃料消耗量限值》（GB 20997－2007）标准，2009年交通运输部颁布了《道路运输车辆燃料消耗量检测和监督管理办法》等配套文件，2012年1月1日正式实施《中重型商用车辆燃料消耗量测量方法》（GB/T 27840－2011）标准。同年，交通运输部发布了《内河运输船舶标准船型指标体系》，并于9月开始实施《营运船舶燃料消耗限值及验证方法》和《营运船舶二氧化碳排放限值及验证方法》等四项标准。2018年交通运输部发布通知声明，《营运客车燃料消耗量限值及测量方法》（JT/T 711－2016）和《营运货车燃料消耗量限值及测量方法》（JT/T 719－2016）于2017年4月1日起正式实施。根据标准要求，道路运输车辆2018年7月1日起应满足《营运货车燃料消耗量限值及测量方法》第四阶段的限值要求。

（2）交通工具排放标准。在限制机动车尾气排放方面，具体的汽车污染物排放限值标准适于20世纪80年代，但直到1999年才引进了具体车型排放量的限值标准（欧洲排放标准）。2001年，我国机动车开始实施国Ⅰ排放标准（GB 18352.1），2004年、2007年、2010年分别实施国Ⅱ、国Ⅲ和国Ⅳ标准。随着国内机动车保有量的不断攀升，汽车尾气排放引发的污染问题日趋严重，国家对机动车污染排放的标准也不断更新并日渐严格，2013年9月环保部发布《轻型汽车污染物排放限值及测量方法（中国第五阶段）》（GB 18352.5－2013）的国Ⅴ强制性标准。2016年12月颁发《轻型汽车污染物排放限值及测量方法（中国第六阶段）》的排放标准。2018年6月28日，进一步发布了《重型柴油车污染物排放限值及测量方法（中国第六阶段）》（国Ⅵ标准），国六标准将分为国六a和国六b两个阶段实施。国六a 2019年7月1日和2020年7月1日分别对燃气重型车和城市重型车（城市公交车、环卫车、邮政车等）开始实施。2021年7月1日对所有车辆全面实施。国六b 2021年1月1日对燃气车辆实施，2023年7月1日全面实施。国Ⅵ排放标准明显加严了污染物的排放限值，增加了对加油过程污染物的控制要求和混合动力电动汽车的试验要求，国Ⅵ标准的实施，将全面提升汽车排放控制能力，大大降低汽车的污染物排放。

（3）交通燃料替代政策。一直以来，我国交通运输高度依赖化石能源，为缓解我国石油资源匮乏和需求之间的矛盾，实现长期可持续的经济发展与环境保护，我国除了在《节能法》和《可再生能源法》等法律中明确发展车用替代燃料的战略地位之外，相继发布了《变性燃料乙醇（GB 18350－2001）》《车用乙醇汽油（GB 18351－2001）》等标准，并于2004年开始，在黑龙江、吉林、辽宁、河南、安徽、广西6省全范围及部分省（区、市）27市进行E10车用乙醇汽油示范推广，2017年6月，交通部与发改委、科技部等十三部门，联合印发《加快推进天然气利用的意见》，明确要求实施交通燃料升级工程，并在京津冀等大气污染防治重点地区加快推广重型天然气（LNG）汽车代替重型柴油车。2017 年 8 月，国家发展改革委、国家能源局等十五部门联合印发《关于扩大生物燃料乙醇生产和推广使用车用乙醇汽油的实施方案》，提出力争到 2025 年实现纤维素乙醇的规模化生产，以优化能源结构并改善生态环境。

（4）铁路与航空节能降碳技术政策。为推行低碳节能运输的理念，原铁道部于 1999 年组织编制了《铁路节能技术政策》。进入 21 世纪，中国铁路迎来了史无前例的跨越式发展，高速铁路取得世界性的突出成就，通过对铁路机车牵引动力结构改革，优化了能耗结构，已从过去的以煤为主发展为以油和电为主，通过改进内燃机车的技术装备、发展电子燃油喷射技术等措施，大大提升了内燃机车燃油经济性水平。2012 年，铁道部印发《铁路“十二五”节能规划》，明确规定铁路行业“十二五”时期节能减排的法规、政策和标准；2013 年 1 月铁道部公布《铁路主要技术政策》，规定了列车速度、密度、重量的标准，并大力推广运用节油、节电、节水、节煤、余热余能综合利用等。

航空运输的节能降碳政策主要体现在先进节油技术的创新、管理模式的优化、机场与空管运行效率的提升、机场建设与运营的新材料采用以及生物航空油的研究与应用等方面。2011 年，民航局发布关于《加快推进行业节能减排工作的指导意见》，将工作目标分为三阶段：第一阶段（2011 ~ 2012 年），完善行业节能减排组织架构和体制机制，全面建立适应国际节能减排发展趋势的技术和管理体系。第二阶段（2013 ~ 2015 年），在航空运输组织和运行的全过程推进节能减排关键技术的实施，明显提高节能减排技术、设备、产品的国产化能力。第三阶段（2016 ~ 2020 年），积极推进航空替代燃料和新型发动机等换代性技术的应用研究和推广，通过自主核心技术和产品创新，进一步优化内部资源配置，努力降低节能减排成本（孙薇，2014）。2018 年，民航局出台《关于深入推进民航绿色发展的实施意见》，明确提出民航绿色发展的六大方面共 22 项任务，以建立健全绿色民航政策和规划系统，提升燃油效率和节能减排水平等。

4. 信息公示与需求控制

信息公示性政策是一种告知性的政策措施，是通过宣传教育、信息扩散等方式让民众充分认知低碳交通发展理念，在了解交通工具的油耗、安全及对环境影响的基础上进行理性选择。1990 年国务院第六次节能办公会议首次确定了全国节能宣传周活动，规定从 1991 年开始每年举办一次。2006 年，原建设部向全国发出了在每年 9 月 16 日至 22 日开展“城市公共交通周及无车日活动”的倡议，倡导居民乘坐公共交通、骑自行车和步行等。2007 年全国一百多个城市响应倡议，推广低碳交通理念，有效减少小汽车的使用，以缓解城市拥堵和环境污染。2013 年，国家发展改革委、交通运输部等十四部委联合发出通知，确定了首个全国低碳日并规定每年举办一次。2018 年 9 月，交通运输部等四部委联合组织开展绿色出行宣传月和公交出行宣传周的相关活动，以积极推进绿色出行的理念。

此外，为缓解城市交通拥堵、改善城市空气质量，限制机动车拥有和使用也是国内外许多城市管理部门选择的一种需求控制政策。在中国，这类政策的主要表现为机动车限行与限购等制度。上海自 1994 年开始对中心城区新增私家车额度，通过牌照竞拍的方式进行总量控制；北京 2011 年开始实施机动车摇号限购制度，随后广州、天津、杭州、深圳、石家庄和贵阳等城市也先后实施摇号或以竞价的方式获得机动车牌照的政策。除了限购措施之外，国内一些城市还实行机动车尾号限行的相关措施，以切实控制机动车的出行需求。

综合来看，我国已经通过战略规划、法律法规、技术规制、税收与财政补贴、需求控制等政策手段，致力于缓解交通外部性问题，并取得了较大成效，但对于交通运输低碳可持续发展来说，节能减排空间仍然很大，尤其是车辆能源技术等与发达国家相比还有很大差距，部分低碳交通政策的综合效应仍有待评估和检验。

2.2.2 低碳交通监管政策对碳减排的作用机理

1. 低碳交通政策影响碳减排的理论逻辑

交通碳排放具有较强的负外部性，在没有环境政策规制的情形下，碳排放主体并不因此承担给社会和公众带来的损失补偿，从而导致其碳排放愈演愈烈，为此，政府采取一系列低碳交通政策，对经济主体的碳排放行为进行不同程度的规制。从政策作用于碳减排的核心路径来看，低碳交通政策主要通过控制机动车出行需求影响交通能源消耗总量、倡导清洁能源替代影响交通能源消费结构、引导节能减排限值倒逼运输企业进行技术革新，从而形成了低碳交通政策影响碳减排的能源需求、能源结构及技术创新的传导路径（见图 2－2）。

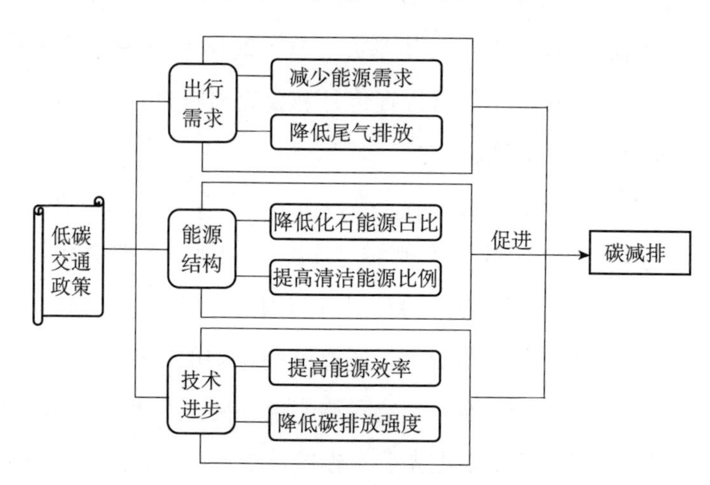

图 2－2 低碳交通政策影响碳减排的传导路径

资料来源：笔者整理绘制。

从低碳交通政策作用于碳减排的路径来看，机动车出行需求控制政策（如限行限购）通过影响能源需求进而影响交通碳减排。一方面，通过控制机动车尤其是私家车的数量及其出行需求量，减少乘用车能源需求总量；另一方面，由于机动车出行需求的控制，居民通过改乘公共交通，可能需要付出更多的时间成本及舒适度成本，并增加公共交通的能源需求量，但由于公共交通具有运力大、化石能源占比低等特点，在总体上能降低交通能源总需求，尤其是化石能源需求总量，进而引致交通碳排放的下降。

低碳交通政策通过影响能源结构作用于碳减排的机理，主要体现在降低化石能源的占比并提高清洁能源的使用比例。随着政府对交通运输的能源消耗征收税费，能源价格上升，运输企业的碳减排支出及运营成本增加，从而能源使用量减少，进而导致碳排放的下降；同时，政府通过提高环境规制、对新能源汽车或清洁能源进行财政补贴，倒逼运输企业及居民选择使用清洁能源替代碳排放量大的燃料，从而促进交通碳减排。

低碳交通的技术进步效应，即技术进步对于碳减排的作用机制可通过多种渠道实现，依据其作用方式可分为正向的“碳减排效应”和反向“碳排放效应”两种，正向“碳减排效应”是指技术进步直接作用于碳减排，例如清洁型的技术进步可通过提升能源利用效率、降低碳排放强度等路径降低碳排放，但污染型技术研发则反而会增加碳排放（Acemoglu et al.，2012）；反向“碳排放效应”则主要表现为技术进步的回弹效应，是指技术进步会通过提高能源利用效率而节能，但能源效率的提高也会引致新的能源需求并加剧碳排放（周银香和吕徐莹，2017）。因此，技术进步的综合效应取决于这两方面因素作用的大小，但当技术进步充分高越过阈值后，“碳排放效应”可以转变为“碳减排效应”（钱娟，2018）。

2. 低碳交通监管政策对碳减排的影响机理

通过对外部性理论和政府管制理论的分析可以发现，交通碳排放问题的产生源于环境的负外部性，治理碳排放问题的思路无论是庇古的手段、科斯的手段或是政府管制的手段，其最终目的都是将环境负外部性成本内部化，以纠正市场的扭曲。依据低碳交通政策影响碳减排的理论逻辑，碳排放的两大主体（运输企业和居民部门）对交通运输的需求及行为方式有所区别，政策作用的机理及路径也有所差异。政策作用于运输企业碳减排的主要路径是通过实施低碳交通规制与管理政策，促使企业提升技术水平和改善能源结构，以提高能源利用效率和降低碳排放强度，进而实现碳减排；政策作用于居民（私家车）碳减排的主要路径是通过出行需求控制，引导居民增加低碳交通消费（如公交出行），减少能源需求进而降低碳排放。以此为依据，借鉴普拉斯曼和坎纳（Plassmann & Khanna）的分析框架，依据厂商利润最大化原则和消费者异质性偏好选择理念，分别从运输企业（厂商）和居民部门（消费者）两个角度探究低碳交通监管政策对碳减排的作用机理。

（1）低碳交通监管政策对运输部门（厂商）碳减排的影响机理。设定经济体中有 n 家同质运输企业，每家企业都以利润最大化为目标。设企业 i 的运输量为 q_i，运输价格为 p，市场对运输的总需求量为 Q，$Q=\sum_{i=1}^{n}q_i$，运输价格与需求量之间的反需求函数为 $p(Q)$，且 $p'(Q)\leqslant 0$，表明运输价格与运输需求量之间存在负相关关系。设企业 i 在运输过程中产生的碳生产量 e_i 与运输量之间的函数关系为 $e_i=e(q_i)$，且满足 $e'(q_i)>0$，$e''(q_i)\geqslant 0$，即企业的碳排放量是关于运输量边际递增的凸函数；在一定的低碳交通政策规制下，假设单位碳排放量的税费为 t，企业 i 在此政策规制下的碳排放治理水平（即碳减排量）s_i 是关于政策 t 的函数，且满足 $s'(t)>0$，$s''(t)\geqslant 0$，而且 $e_i-s_i>0$，即企业的碳减排量不可能大于碳生产量。令企业 i 为了实现碳减排，通过实施提高技术进步、提高清洁能源比例等措施而付出的减排成本为 $g(s_i)$，总成本函数为：

$$TC=c(q_i)+g(s_i)+t\times(e_i-s_i) \tag{2-1}$$

式（2-1）中，$c(\cdot)$ 和 $g(\cdot)$ 分别表示企业 i 的运输成本函数和碳减排成本函数，且满足 $c'(q_i)>0$，$c''(q_i)>0$ 和 $g'(s_i)>0$，$g''(s_i)>0$。

在生产成本和碳排放约束条件下，企业 i 的最优规划为：

$$\max_{q_i, e_i, t} \pi_i = p(Q) - TC \tag{2-2}$$

$$s.t.\ TC = c(q_i) + g(s_i) + t \times (e_i - s_i) \tag{2-3}$$

企业利润最大化的一阶条件如下：

$$\frac{\partial \pi_i}{\partial q_i} = p(Q) + p' q_i - \partial TC / \partial q_i = 0 \tag{2-4}$$

$$\frac{\partial \pi_i}{\partial s_i} = g'(s) - t = 0 \tag{2-5}$$

此时，企业利润最大化的二阶条件为：

$$2p' + p'' q_i < \partial^2 TC / \partial q_i^2 \tag{2-6}$$

由式（2-5）可得：

$$s_i(t) = g'^{-1}(t) \tag{2-7}$$

进一步可得：

$$\frac{\partial s_i}{\partial t} = 1 / g''(g'^{-1}(t)) \tag{2-8}$$

通过对成本函数式（2-3）求各个变量的偏导可得：

$$\frac{\partial TC}{\partial q_i} = c'(q_i) + t \times e_i'(q_i) \tag{2-9}$$

$$\frac{\partial^2 TC}{\partial q_i^2} = c''(q_i) + t \times e_i''(q_i) \tag{2-10}$$

$$\frac{\partial^2 TC}{\partial q_i \partial t} = e_i'(q_i) \tag{2-11}$$

$$\frac{\partial^2 TC}{\partial t} = e_i - s_i \tag{2-12}$$

根据企业利润最大化的一阶条件式（2-4）可得：

$$\left(2p' + p'' q_i - \frac{\partial^2 TC}{\partial q_i^2}\right) dq_i - \left(\frac{\partial^2 TC}{\partial q_i \partial t}\right) dt = 0 \tag{2-13}$$

根据式（2-10）、式（2-11）和式（2-13），并结合式（2-6）可得：

$$\frac{dq_i}{dt} = \frac{e'(q_i)}{2p' + p'' q_i - c''(q_i) - t \cdot e''(q_i)} < 0 \tag{2-14}$$

由于市场对运输的总需求量为 $Q=\sum_{i=1}^{n}q_i$，所以：

$$\frac{dQ}{dt}=\sum_{i=1}^{n}\frac{dq_i}{dt}<0 \tag{2-15}$$

这表明，随着低碳交通规制税费的提高，企业的边际生产成本随之提高，从而降低企业的产出水平。

同理，整个市场的碳减排量为 $S=\sum_{i=1}^{n}s_i$，结合式（2-8）可得：

$$\frac{dS}{dt}=\sum_{i=1}^{n}\frac{ds_i}{dt}=\sum_{i=1}^{n}\left(\frac{\partial s_i}{\partial t}+\left(\frac{\partial s_i}{\partial q_i}\right)\left(\frac{\partial q_i}{\partial t}\right)\right)$$

$$=\frac{1}{g''(g'^{-1}(t))}>0 \tag{2-16}$$

对企业利润函数求导可得到：

$$\frac{d\pi_i}{dt}=\left(\frac{\partial \pi_i}{\partial q_i}\right)\left(\frac{\partial q_i}{\partial t}\right)+\left(\frac{\partial \pi_i}{\partial s_i}\right)\left(\frac{\partial s_i}{\partial t}\right)+\frac{\partial \pi_i}{\partial t}=s_i-e_i<0 \tag{2-17}$$

这表明，随着低碳交通规制税费的提高，企业的碳减排量会相应增大，但企业的利润会随之降低。

综上可知，对运输企业实施低碳交通监管政策，可实现单个企业及整个行业的碳减排，而且随着低碳交通政策规制力度的加强，如提高碳排放税费时，企业的碳减排量随之增加，但企业产出和利润水平也会相应下降。

（2）低碳交通监管政策对居民（消费者）碳减排的影响机理。假设消费者（居民）在普通交通消费（如普通私家车出行）B、低碳交通消费（如新能源汽车或公共交通出行）L 和环境质量 Q 之间进行偏好选择，以实现效用最大化。消费者偏好的变化引起低碳交通消费的投入发生变化，从而引致交通碳减排，设定消费者效用函数为：

$$U=U(B,L,Q) \tag{2-18}$$

式（2-18）中，效用函数为拟凹型函数，且满足 $\frac{\partial U}{\partial B}=U_B>0$，

$\frac{\partial U}{\partial L}=U_L>0$，$\frac{\partial U}{\partial Q}=U_Q>0$。

消费者无法直接购买环境质量，但能通过选择不同碳排放强度的商品数量和环境的投入量，间接影响环境质量（李时兴，2012）。考虑到新能源汽车的购置及使用成本高于普通汽车（公共交通出行的时间及舒适度等成本也高于普通私家车出行），设定 L 的价格高于 B，同时，为简便起见，将 B 的价格进行单位化，令 λ 为 L 相当于 B 的价格，且 $\lambda>1$。设居民的交通消费预算 M 在 B、L 和交通碳排放支出 E 之间进行分配，则：

$$M=B+\lambda L+E \tag{2-19}$$

式（2-19）中，E 可视为非低碳交通消费 B 产生的税费支出，即 $E=tB$（t 为税费率）。

环境质量 Q 取决于居民交通碳排放量 W，假定 $Q=-W$。居民的交通碳排放取决于两个部分：一是因消费 B 和 L 产生的排放量 $W(B,L)$，二是由于碳排放税费支出 E 决定的碳减排量 S，且 $W_B>0$，$W_L>0$，$W_B>W_L$，$S_E>0$，假定居民碳排放函数为关于 $W(B,L)$ 与 S 的分离可加性函数，则有：

$$W=W(B,L)-S(E) \tag{2-20}$$

对式（2-20）求微分，可得：

$$dW=W_B dB+W_L dL-S_E dE \tag{2-21}$$

在 $dM\neq0$，$M=B+\lambda L+E$ 和 $E=tB$ 的条件约束下，将式（2-21）除以 dM 可得$\frac{dW}{dM}<(=>)0\Leftrightarrow W_B\frac{dB}{dM}+W_L\frac{dL}{dM}-S_E\times t\frac{dB}{dM}<(=>)0$，即：

$$\frac{dW}{dM}<(=>)0\Leftrightarrow(W_B-S_E\times t)\frac{dB}{dM}+W_L\frac{dL}{dM}<(=>)0 \tag{2-22}$$

由于 $M=B+\lambda L+tB=(1+t)B+\lambda L$，则有 $dM=(1+t)dB+\lambda dL$，从而$\frac{dB}{dM}=\frac{1}{1+t}-\frac{\lambda}{1+t}\times\frac{dL}{dM}$，代入式（2-22）可得：

$$\frac{dW}{dM}<(=>)0\Leftrightarrow[(W_L-\lambda W_B)+(W_L+\lambda S_E)t]\frac{dL}{dM}<(=>)tS_E-W_B \tag{2-23}$$

当 $[(W_L-\lambda W_B)+(W_L+\lambda S_E)t]>0$，即 $t>\frac{\lambda W_B-W_L}{W_L+\lambda S_E}$ 时，由式（2－23）可得：

$$\frac{dW}{dM}<(=>)0\Leftrightarrow\frac{dL}{dM}<(=>)\frac{tS_E-W_B}{(W_L-\lambda W_B)+t(W_L+\lambda S_E)} \tag{2-24}$$

$$\frac{dW}{dM}<(=>)0\Leftrightarrow\frac{dL}{dM}<(=>)\frac{tS_E-W_B}{(1-t)W_L+\lambda(tS_E-W_B)} \tag{2-25}$$

由式（2－24）和式（2－25）可知：

（a）由于 $(W_L+\lambda S_E)>S_E$，因此，当 t 变大时，式（2－24）右端值增大，从而 $\frac{dL}{dM}$ 也随之增加，进而实现 $\frac{dW}{dM}<0$。这表明，当居民非低碳交通出行的税费率提高时，关于居民交通消费预算的低碳交通消费是边际递增的，从而交通碳排放边际递减，即居民每增加一个单位的交通消费预算会相应减少一个单位的碳排放量。

（b）由于 $tS_E-W_B>0$ 时，因此当 λ 变小时，式（2－25）右端变大，从而 $\frac{dL}{dM}$ 也随之增加，进而实现 $\frac{dW}{dM}<0$。这表明，当政府对居民的低碳交通消费进行财政补贴时，关于居民交通消费预算的低碳交通消费是边际递增的，从而可以实现交通碳排放边际递减，即实现碳减排的政策目的。

通过分析低碳交通政策工具对运输企业（厂商）和居民（消费者）交通碳减排的影响机理，可以发现，交通碳排放问题产生的根源主要是环境的负外部性，而低碳交通规制政策工具可以通过不同的作用路径，将交通运输的负外部性环境成本内部化，以纠正市场扭曲现象。以此为依据，可以对不同的低碳交通政策工具进行单项或组合效应的模拟分析并进行优化选择，以实现低碳交通的可持续发展。

2.3　CGE 模型基本理论

2.3.1　CGE 模型概述

可计算一般均衡模型的理论起源可追溯到瓦尔拉斯 1874 年发表的《纯粹经济学要义》，该著作全面考察经济系统中商品和要素由于供求关系不均衡而导致价格变动，从而促使整个经济系统处于均衡状态。20 世纪 50 年代，阿罗和德布鲁（Arrow & Debreu，1954）对不动点定理的证明使一般均衡理论形成了比较完整的体系；60 年代，约翰森（Johansen，1960）首次提出 CGE 模型，但经济学者们的研究焦点主要集中于理论上的均衡解的存在性、唯一性和稳定性等方面；进入 70 年代，能源价格、国际货币体系急剧变化，实际工资率大幅提升，针对诸如此类的冲击，时间序列数据产生了大幅波动，使得高度依赖时间序列数据的宏观经济计量模型遭遇了瓶颈，可计算一般均衡 CGE 模型因其可以估计某一个特殊政策变化而对经济系统整体的全局性影响，而被引入宏观经济政策模拟中。几十年来，CGE 模型经历了模型构建的精致化、大型化和政策模拟分析领域的不断扩展和深化。

CGE 模型通过对经济系统中的生产供给、消费需求及供求均衡等行为进行详细的数量化描述，为国民经济系统提供一个完整、系统的框架。其基本构成可归纳为生产供给、消费需求、对外贸易、市场均衡及宏观闭合等部分。

1. 生产供给

主要描述国民经济运行中，商品和要素生产者的具体行为及其优化条件。这部分模型主要包括生产函数、约束方程、生产要素的供给方程及优化条件方程等，主要反映生产要素投入与产出间的关系、中间投入与产出间的关系、生产者在生产函数及技术限制条件下如何达到利润最大化或成本最小化目标。

2. 消费需求

主要描述居民、企业和政府的消费者行为及其优化条件，包括最终消费、中间产品和投资三类需求。模型主要有消费者的需求函数、约束条件，生产要素和中间产品的需求函数及其优化条件方程。消费者的目标是在预算约束条件下，实现最大化效用原则。其中，政府的决策行为不仅包括制定相关的财政税收等经济调控手段，还可以体现在消费主导的模型中，政府的各项税费收入及公共支出可作为政府主要收入来源与支出方向。一般来说，政策变量外生给定，或是通过对某些参数进行外生化，以完成对政策的模拟。

3. 对外贸易

主要描述用最低成本将进口产品与国内产品进行最适化分配的过程。在 CGE 模型中，通常假设国内产品与国外产品间属于不完全弹性替代关系，即阿明顿（Armington）假设；同时，假设一个国家商品的进出口量较低，不足以在国际市场上引起该商品价格的波动，即采用所谓的“小国假设”。此外，进出口商品的价格与关税、汇率有关，任何关税或汇率的变动都会影响进出口量，并进一步传导至经济系统的其他部门，CGE 模型也恰好通过这一点将对外贸易与其他模块巧妙地连接在一起。

4. 市场均衡

主要描述各类市场的均衡及其关联的预算均衡，包括产品市场、要素市场、资本市场和国际市场的均衡及政府预算、居民收支等各种预算约束。产品市场的均衡以来自各部门供给的生产要素总量等同于总需求量为前提；要素市场均衡一般以劳动力的总供给等于总需求表示；资本市场的均衡则一般用总储蓄等同于总投资表征；国际市场均衡则体现为国际收支的平衡。

5. 闭合规则

CGE模型构建目的是如何选择外生变量，通过求解方程中的唯一均衡解，使相关宏观经济变量之间实现均衡。为了使模型存在唯一的均衡解，可计算一般均衡模型中的方程总数应与内生变量总数相等，但实际中往往难以满足这一条件，这就需要通过某种方式使模型闭合。根据宏观行为及要素市场中的不同假设，外生变量的选择及其赋值也不同（郑玉歆，1999）。CGE模型常用的闭合规则主要有新古典闭合、凯恩斯闭合、路易斯闭合及约翰逊闭合等闭合规则。

（1）新古典闭合规则。根据新古典主义理论，要素价格和商品价格等所有价格都由模型内生决定，投资水平也被作为内生变量，投资与储蓄的均衡通过利率调节机制来实现。一般情况下，在充分就业时，投资由居民储蓄决定，本期投资在下一期成为生产的成本，因而经济运动是靠储蓄驱动的。

（2）凯恩斯闭合。按照凯恩斯理论，在宏观经济萧条时，劳动力会出现大量失业的情况，资本也会闲置，因此生产要素中资本和劳动的供应量将不受限制，就业和资本由市场需求内生决定，要素价格被固定。

（3）路易斯闭合。根据路易斯理论，发展中国家经常出现资本紧缺，但劳动力大量剩余的经济状况。劳动力价格被外生在固定的生存工资水平上，在这个价格上，劳动力供应量不受限制。

（4）约翰逊闭合。投资水平外生给定，假定政府对经济采取干预措施以达到投资储蓄均衡，即通过改变政府的收支调节经济中的消费和储蓄关系，从而达到储蓄与投资相等。与新古典闭合相对应，储蓄由投资决定，经济运动靠投资驱动。

6. 动态机制

CGE模型有静态模型与动态模型之分。静态模型注重眼前当期行为，不能模拟政策在多个时期的长期积累效应，也难以反映劳动力增加、技术进步和劳动生产率提高的变化效应。动态 CGE 模型注重长远预期行为，一般可分为跨期动态和递归动态两类。在跨期动态模型中，各行为主体（厂商、居民）基于对未来各期的价格预期来决定自己的投资或消费行为。对于跨期动态，关键需要把握动态过程中什么时候能实现稳态，对于数据要求也较为复杂，目前运用相对较少；递归动态模型中，各个行为主体不考虑未来的价格预期，其行为决策根据特定的外生假设条件决定。相较于跨期动态来看，递归动态更容易进行校准和计算，建模要求也相对较低，在各领域运用较为广泛。

2.3.2 CGE 模型的基本原理

CGE 模型基于严格的微观经济学理论，是一种典型的数量经济模型，它通过价格将经济主体、商品市场及要素市场联系起来，描述生产者、消费者、政府及国外等经济决策主体在供给、需求和均衡关系中的行为。各行为主体基于生产技术与效用偏好条件下的利润最大化、效用最大化等最优选择，在市场机制的作用下达到一般均衡状态。

1. 一般均衡理论

一般均衡是与局部均衡相对应的概念。局部均衡是在其他市场不变的条件下，考虑单一产品或要素市场的均衡问题。然而，在经济系统中，任一产品或要素市场的变动必将引起整个经济体系的连锁反应，调整、反馈、再调整、再反馈，经济体系的一系列调整使得产品或要素市场达到了均衡。因此，一般均衡是指在一个经济体系中，所有产品或要素市场的供给和需求同时达到均衡的状态。

一般均衡思想源自市场自发调节机制，亚当·斯密认为，价格作为市场的“看不见的手”自发实现经济主体的资源最优配置。斯密之后，（新）古典经济学家们在斯密的市场调节机制原理基础上，建立起一般均衡理论体系。他们认为，在最大化利益条件下，市场机制能够有效调节经济活动主体行为，实现经济体系的一系列均衡。价格、工资、利息等市场要素的快速调整，实现了供给与需求的平衡、资源最有效率的配置与使用、经济主体利益的最大化，整个经济系统达到均衡状态。

一般均衡假说最早由瓦尔拉斯（1874）正式提出，因此也称为瓦尔拉斯均衡，其核心理论是：假定经济系统中，经济主体为生产者和消费者，在要素市场和产品市场中，经济主体的经济行为是生产者追求利润最大化和消费者追求效用最大化，经济体系初始状态为商品与要素市场处于供求平衡之中，价格是经济中唯一存在的信号，而且经济行为人只对价格作出反应。当市场供求关系不平衡时会导致价格变动，从而促使供求双方调整经济行为以达到均衡状态。如图 2－3 所示，在要素市场上，要素价格的调节能够实现要素生产者与消费者间供给与需求的平衡；在商品市场上，生产者既是中间消耗品的需求者又是商品的供给者，而消费者是商品的最终需求者，决定了商品的总需求和总供给。当供需不平衡时，商品价格的调节能够驱动生产者与消费者追求利润与效用最大化行为的变动，最终实现商品市场的总供给和总需求的平衡。

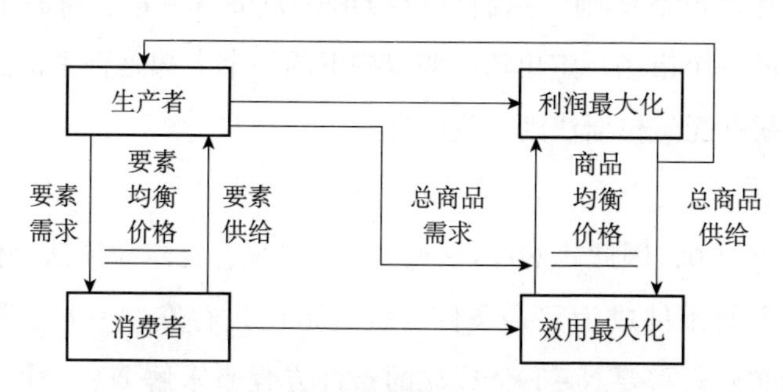

图 2－3　一般均衡理论的核心经济关系

资料来源：潘浩然（2016）。

2. 瓦尔拉斯法则与相对价格变动

一般均衡理论的一个重要原理是瓦尔拉斯法则，它指当一个经济体的所有市场，如果除一个市场之外其他各个市场的供需均达到平衡时，则最后一个市场也一定达到供求平衡。

假设在一个仅存在交换的经济中，存在 N 种不同的商品（i = 1,2,

$3,\cdots,N$)，H 个不同的消费者或者交换者（$h=1,2,3,\cdots,H$），N 种商品的数量和价格分别为 $x=(x_1,x_2,\cdots,x_N)$ 和 $p=(p_1,p_2,\cdots,p_N)$，每个交换者的财富为 w_h，拥有的各种商品的数量为 e_{ih}。

假定需求服从关于价格零阶齐次的连续非负函数 $d_{ih}(p,w_h)$，即：

$$d_{ih}(\lambda p,\lambda w_h)=\lambda^0 d_{ih}(p,w_h)=d_{ih}(p,w_h) \tag{2-26}$$

对于每个交换者来说，全部消费的价值（方程的左边）要等于其全部财富的价值（方程的右边），即：

$$\sum_{i=1}^{N} p_i \times d_{ih}(p,w_h) = w_h = \sum_{i=1}^{N} p_i \times e_{ih} \tag{2-27}$$

对于整个经济体来说，全部消费的价值也要等于其全部财富的价值，即：

$$\sum_{h=1}^{H}\sum_{i=1}^{N} p_i \times d_{ih}(p,w_h) = \sum_{h=1}^{H} w_h = \sum_{h=1}^{H}\sum_{i=1}^{N} p_i e_{ih} \tag{2-28}$$

瓦尔拉斯法则意味着在所有价格条件下全部市场超额需求总和等于零。根据瓦尔拉斯法则，我们可以推出，如果 N-1 个商品市场出清时，剩下的一个市场一定出清。假定剩下的一个未知是否平衡的市场是市场 N，根据瓦尔拉斯法则，我们有：

$$p_N(d_N(p^*)-e_N)=0 \tag{2-29}$$

由于 $P_N>0$，因此 $d_N(p^*)-e_N=0$。可见，瓦尔拉斯法则使得第 N 个市场的平衡条件成为冗余条件，也就是说只存在 N-1 个独立的条件。我们实际只需要 N-1 个独立的条件方程来求解 N-1 个价格，剩余的一个价格无法求解。不被求解的那个价格需要作为被求解的 N-1 个价格的基准价格外生给定，最终导致被求解的 N-1 个价格其实只是相对于基准价格的相对价格。

3. 生产技术

生产函数是 CGE 模型中生产模块的核心关系式，它表示在一定技术条件下，生产要素的某种组合与可能的最大产出量之间的数量关系。生产技术的样式较为丰富，但由于 CGE 建模需要将生产函数设为规模报酬不变的函数，因此最常用的有列昂惕夫函数、柯布—道格拉斯函数和常替代弹性系数函数三种生产技术函数，下面对这三种生产技术进行讨论。

（1）列昂惕夫生产技术。列昂惕夫生产技术描述的是投入要素之间为不可替代的情形，即生产按照固定的投入比例进行。假设有 m 种生产要素，其投入量分别为 $X_1, X_2, \cdots, X_m$，产出为 Q，则一个典型的列昂惕夫生产技术函数有如下形式：

$$Q = \min\{\alpha_1 X_1, \alpha_2 X_2, \cdots, \alpha_m X_m\} \quad (2-30)$$

式（2－30）中，α_i 表示单位投入的产出系数。由于式（2－30）不可微分，无法直接代数求解，但可以从图形看出其最优解。为简化图示，假设生产中只有两种投入要素 X_1 和 X_2，如图 2－4 所示，只有在等产量 L 型曲线的拐点处，即 $X_1^*(Q) = \frac{Q}{\alpha_1}$ 及 $X_2^*(Q) = \frac{Q}{\alpha_2}$ 时，两种投入要素才能同时以最小的投入获得同等产出的最优选择，否则会出现一种投入要素过度使用的情况。

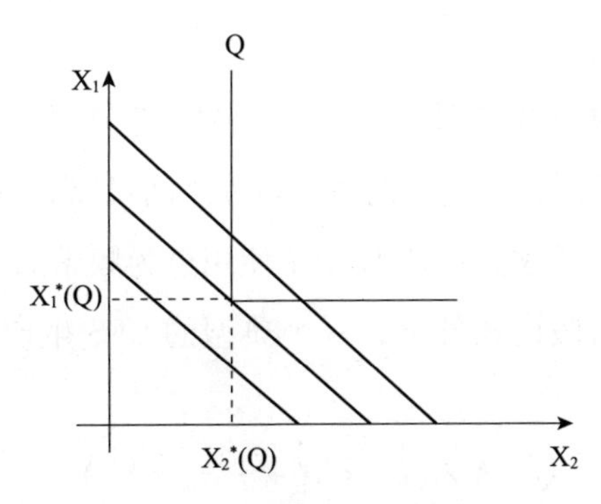

图 2－4 列昂惕夫生产技术

资料来源：潘浩然（2016）。

（2）柯布—道格拉斯生产技术。柯布—道格拉斯生产技术描述的是投入要素部分可替代的情形，在规模报酬收益不变的假设条件下，C－D 生产函数可描述为：

$$Q = AX_1^{\alpha_1} X_2^{\alpha_2} \cdots X_m^{\alpha_m} \quad (2-31)$$

式（2－31）中，A 代表技术进步水平，$\alpha_i(0<\alpha_i<1, i=1,2,\cdots,m)$ 表示要素所占份额，当规模报酬不变时 $\sum_{i=1}^{m}\alpha_i=1$。假设生产中只有两种投入要素，如资本 K 和劳动 L，则式（2－31）可表示为：

$$Q=AK^{\alpha}L^{\beta} \tag{2-32}$$

以 MRS 表示两种要素之间的边际替代率，可求得资本对劳动的替代弹性为：

$$\sigma=\frac{d\left(\frac{L}{K}\right)}{d(MRS)}\times\frac{MRS}{\frac{L}{K}}=\frac{d\ln\left(\frac{L}{K}\right)}{d\ln\left(\frac{MP_K}{MP_L}\right)}=\frac{d\ln\left(\frac{L}{K}\right)}{d\ln\left(\frac{\alpha}{\beta}\times\frac{L}{K}\right)}=1 \tag{2-33}$$

式（2－33）中，$\frac{MP_K}{MP_L}$为资本投入与劳动投入的边际生产率之比。可见，C－D 生产技术的要素替代弹性为 1，亦即一种投入要素变动一个百分比则另一种投入要素也变动同样的百分比。但事实上，不同的行业、要素之间的替代弹性不可能恒定为 1，这是 C－D 生产函数在实际应用中的一个缺陷。

（3）常替代弹性生产技术。常替代弹性生产技术描述的是生产投入可替代的一般情形，即生产的各项投入之间可以有不同程度的相互替代可能。CES 生产函数是 CGE 模型中使用最为频繁的一类非线性函数，在规模收益不变的假设条件下，一个典型的 CES 生产技术函数有以下形式：

$$Q=A\times(\alpha_1\times X_1^{\rho}+\cdots\alpha_m\times X_m^{\rho})^{\frac{1}{\rho}} \tag{2-34}$$

式（2－34）中，A 代表技术效率或规模系数，参数 ρ 和替代弹性 σ 有关，α_i 表示各种投入要素的份额系数，且 $\sum_{i=1}^{m}\alpha_i=1$。当生产中只包括两种投入要素时，CES 生产函数可描述以下：

$$Q=A\times(\alpha_1\times X_1^{\rho}+\alpha_2\times X_2^{\rho})^{\frac{1}{\rho}} \tag{2-35}$$

在成本最小化的生产条件下：

$$\min C = P_1 \times X_1 + P_2 \times X_2$$
$$s.t.\ Q = A \times (\alpha_1 \times X_1^{\rho} + \alpha_2 \times X_2^{\rho})^{\frac{1}{\rho}} \tag{2-36}$$

为求解最经济的要素投入，构建拉格朗日乘数等式：

$$\min L = P_1 \times X_1 + P_2 \times X_2 - \lambda \times [A \times (\alpha_1 \times X_1^{\rho} + \alpha_2 \times X_2^{\rho})^{\frac{1}{\rho}} - Q] \tag{2-37}$$

对相应的变量微分，可得投入最小化的一阶条件：

$$\frac{\partial L}{\partial X_1} = P_1 - \lambda A \frac{1}{\rho}(\alpha_1 \times X_1^{\rho} + \alpha_2 \times X_2^{\rho})^{\frac{1}{\rho}-1} \times \alpha_1 \times \rho X_1^{\rho-1} = 0 \tag{2-38}$$

$$\frac{\partial L}{\partial X_2} = P_2 - \lambda A \frac{1}{\rho}(\alpha_1 \times X_1^{\rho} + \alpha_2 \times X_2^{\rho})^{\frac{1}{\rho}-1} \times \alpha_2 \times \rho X_2^{\rho-1} = 0 \tag{2-39}$$

$$A(\alpha_1 \times X_1^{\rho} + \alpha_2 \times X_2^{\rho})^{\frac{1}{\rho}} - Q = 0 \tag{2-40}$$

由式（2-38）和式（2-39）的一阶条件等式可得：

$$\frac{P_1}{P_2} = \frac{(\alpha_1 \times X_1^{\rho} + \alpha_2 \times X_2^{\rho})^{\frac{1}{\rho}-1} \times \alpha_1 \times \rho X_1^{\rho-1}}{(\alpha_1 \times X_1^{\rho} + \alpha_2 \times X_2^{\rho})^{\frac{1}{\rho}-1} \times \alpha_2 \times \rho X_2^{\rho-1}} = \frac{\alpha_1}{\alpha_2}\left(\frac{X_2}{X_1}\right)^{1-\rho} \tag{2-41}$$

式（2-41）即为成本最小化的优化条件，$TRS = \frac{\alpha_1}{\alpha_2}\left(\frac{X_2}{X_1}\right)^{1-\rho}$ 在经济学上称为技术替代率。如图2-5所示，TRS显示为等产量线和等成本线的切点。

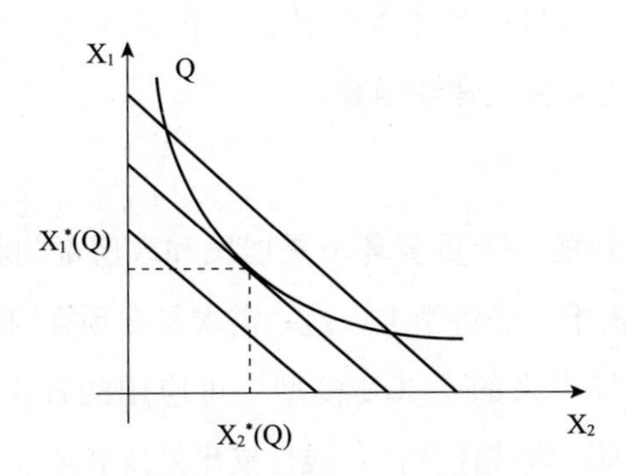

图2-5　CES生产技术

资料来源：潘浩然（2016）。

依据替代弹性的定义，结合技术替代率可得到参数 ρ 与替代弹性系数 σ 之间的关系如下：

$$\sigma = \frac{\frac{d(X_1/X_2)}{X_1/X_2}}{\frac{d(TRS)}{TRS}} = \frac{d\ln(X_1/X_2)}{d\ln(TRS)} = \frac{1}{1-\rho} \tag{2-42}$$

由式（2－42）可知，当 $\rho=1$ 时，即各投入要素之间为完全替代情形，生产函数演变为线性生产函数；当 $\rho\to-\infty$ 时，即各投入要素之间为完全互补情形，生产函数演变为列昂惕夫生产函数；当 $\rho=0$ 时，生产函数演变为柯布—道格拉斯生产函数；当 $\rho=0$ 取其他任何值时，即为一般情形的 CES 生产技术函数。

进一步将式（2－41）与式（2－40）相结合，可以得出要素合成价格函数或常替代弹性生产技术的投入成本函数为：

$$P = A^{-1} \times (\alpha_1^{\sigma} \times P_1^{1-\sigma} + \alpha_2^{\sigma} \times P_2^{1-\sigma})^{\frac{1}{1-\sigma}} \tag{2-43}$$

此外，在 CGE 模型构建过程中，国内总产出在国内市场与国际市场之间的转换关系、国内市场总需求的国内产品与进口产品之间的替代关系等有关优化过程与常替代弹性生产技术基本类同，只是其中的有关假设有所不同。国内总产出在国内市场与国际市场之间的转换优化制约条件按照固定转换弹性（constant elasticity of transformation，CET）函数描述，国内产品与进口产品之间的替代优化制约条件则按照阿明顿假设，函数形式仍为常替代弹性函数。

4. 效用函数

CGE 模型构建的一个重要环节是居民和政府部门将所获得的收入转变为对商品的需求。经济学上，这一需求是在预算约束下，从对效用最大化的行为中导出来的。CGE 模型中可应用的效用函数形式很多，如柯布—道格拉斯、常替代弹性、线性支出系统和斯通—格瑞效用函数等。基于应用需求，在此仅介绍柯布—道格拉斯和常替代弹性两种效用函数。

（1）柯布—道格拉斯效用函数。柯布—道格拉斯效用函数描述的是效用偏好部分可代替情形，即不同的消费需求之间存在一定程度相互代替的可能性。在规模效用不变假设条件下，柯布—道格拉斯效用函数可以描述如下：

$$U(x_1,\cdots x_n)=Ax_1^{\alpha_1}\cdots x_n^{\alpha_n} \tag{2-44}$$

式（2-44）中，x_i 表示消费商品，A 代表效用度量系数，可以设置为1，否则可以将效用的价格设置为1，α_i 表示边际预算份额。令 Y 为总收入水平，则消费者在收入预算约束条件下的效用最大化数学模型为：

$$\begin{cases}\max U(x_1,\cdots x_n)\\ s.t.\ P_1\times x_1+\cdots P_n\times x_n=Y\end{cases} \tag{2-45}$$

构造拉格朗日乘数等式：

$$\max_{x_1,\cdots,x_n,\lambda} L=U(x_1,\cdots,x_n)-\lambda\times(P_1\times x_1+\cdots P_n\times x_n-Y) \tag{2-46}$$

根据极值的必要条件，可求解得马歇尔需求方程，即表示在既定的价格和收入水平下，为实现最大效用所需要的商品需求水平：

$$x_i=\alpha_i\frac{Y}{P_i} \tag{2-47}$$

将求解得到的需要水平代入直接效用函数式（2-44），可得间接效用函数 V，即表示在既定的价格和收入水平下可实现的最大效用，即：

$$V=A\times\left(\alpha_1\times\frac{Y}{P_1}\right)^{\alpha_1}\cdots\left(\alpha_n\times\frac{Y}{P_n}\right)^{\alpha_n}=Y\times A\times\left(\frac{\alpha_1}{P_1}\right)^{\alpha_1}\cdots\left(\frac{\alpha_n}{P_n}\right)^{\alpha_n} \tag{2-48}$$

（2）常替代弹性效用函数。CES 效用函数也是 CGE 模型常用的函数形式，它描述效用偏好的一般可代替情形，即消费需求间存在不同程度的相互代替可能。CES 效用函数的数学表达可设定如下：

$$U(x_1,\cdots,x_n)=A\times(\alpha_1^{\frac{1}{\sigma}}\times X_1^{\rho}+\cdots+\alpha_1^{\frac{1}{\sigma}}\times X_n^{\rho})^{\frac{1}{\rho}} \tag{2-49}$$

式（2-49）中，A 代表效用度量系数，α_i 表示边际预算份额，σ 为弹性替代系数，ρ 为参数，且 $\sigma=\frac{1}{1-\rho}$。同理，可以从效用最大化问题求出常替代弹性效用函数所对应的马歇尔需求函数和间接效用函数表达式：

$$x_i=\frac{\alpha_i\times Y}{P_i^{\sigma}\times(\alpha_1\times P_1^{1-\sigma}+\cdots+\alpha_n\times P_n^{1-\sigma})} \tag{2-50}$$

$$V = A \times Y \times (\alpha_1 \times P_1^{1-\sigma} + \cdots + \alpha_n \times P_n^{1-\sigma})^{\frac{1}{\sigma-1}} \quad (2-51)$$

同样，当 $\sigma = 1$ 时，常替代弹性效用函数演变为柯布—道格拉斯效用函数，即柯布—道格拉斯效用函数是常替代弹性效用函数的一种特殊形式，其优点是需求函数所需要的参数仅仅是每种商品支出占总支出的百分比份额 α_i，而这个参数可以从社会核算矩阵表直接获取，因此，在一些要求不复杂的 CGE 需求函数中被广泛采用。

5. CGE 模型的主要特征

相对于其他模型，可计算一般均衡模型具备两个比较明显的特征。一个是模型中的产品数量和价格由供给—需求均衡内生决定；另一个是能够同时获得所有产品和要素的市场均衡价格的数值解。当然，标准的 CGE 模型必须满足一些经济学假设。第一，模型必须满足瓦尔拉斯定律，即在一组均衡价格下，所有市场的超额需求等于零。第二，假设产品市场和要素市场是完全竞争的，生产函数是线性的，否则单位价格不能等于边际价格。第三，在消费、生产和分配等微观层面，依从微观经济学的边际效用理论描述居民家庭行为及生产厂商的生产行为，即消费者在可支配收入的预算约束条件下追求效用最大化，厂商在利润最大化和成本最小化的约束条件下追求产出最大化（孙林，2011）。

与其他建模方法一样，可计算一般均衡模型也具有局限性。首先，CGE 模型中的各种商品、要素之间替代弹性值的确定往往缺少统计学意义上的检验，需要通过敏感性试验来反复验证和修正。其次，模型中的各项参数往往通过投入产出表基准年度的数据进行标定，因此，在经济结构快速变化的经济体中，并不适合进行时间跨度太长的政策模拟。当然，尽管 CGE 模型具有自己的弱点和局限性，但与其他分析工具相比，CGE 模型具有清晰的理论基础、明确的模型结构及灵活的模型框架，能对政策调整的效应及宏观经济影响作出更为全面的分析，从而成为政策模拟分析的主流和发展方向之一。

第3章 我国交通碳排放的统计测算及驱动因子分解

3.1 我国交通运输的发展状况

经济和信息的高速发展离不开交通运输的发展，交通运输是我国国民经济的基础性、先导性的产业，它是人或货物的空间位移，是经济要素的空间流动。伴随着中国科技的高速发展，现代化建设不断深化，我国的交通运输产业得到了快速发展。现代化的交通运输方式主要有铁路运输、公路运输、水路运输和航空运输等运输方式。铁路运输处于骨干的地位，对国民经济发展起到了强有力的支撑作用；公路运输在客运量、货运量等方面遥遥领先于其他运输方式的总和；水路运输发展很快，但所占运输总量比例很小；航空运输可以适应人们长距离旅行对时间、舒适性的要求以及快速运输货物的需求，是我国正在高速发展的一种运输方式。

3.1.1 交通运输业总体发展状况

改革开放以来，我国交通运输业走上了高速迅猛的发展道路。特别是近年来，无论是在交通设施总量、规模，还是在运输能力供给以及运输质量等方面都取得了巨大成果，为我国经济和社会的发展提供了强有力的支持。从我国客货运量、客货周转量的发展情况来看（见表3－1），中国1995～2016年交通客运总量总体呈上升的趋势，全社会主要运输方式完成的客运量和旅客周转量分别由 1995 年的 117.26 亿人和 9001.90 亿人千米增加至2012 年的380.40 亿人和33383.09 亿人千米，年均增长率分别为7.17%和8.01%，但 2013 年后客运量呈现出逐年下降的趋势，至 2016 年下降为 190.02 亿人（与 2012 年相比下降了 50.05%），这可能与国家总体宏观形势的调整、经济发展阶段性筑底及人口红利的逐渐消失等原因有关；同时期，货运量由 1995 年的 123.49 亿吨增加至 2016 年的 431.34 亿吨，年均增长率为 6.13%；货物周转量由 1995 年的 35908.88 亿吨千米增加至 2016 年的 186629.48 亿吨千米，年均增长率达 8.16%。

表 3－1　　1995～2016 年中国交通运输总量变化情况

年份	客运量（亿人）	旅客周转量（亿人千米）	货运量（亿吨）	货运周转量（亿吨千米）
1995	117.26	9001.90	123.49	35908.88
1996	124.54	9164.79	129.84	36589.79
1997	132.61	10055.48	127.82	38384.69
1998	137.87	10636.44	126.74	38088.71
1999	139.44	11299.67	129.30	40567.64
2000	147.86	12261.02	135.87	44320.51
2001	153.41	13155.13	140.18	47709.94
2002	160.82	14125.63	148.34	50685.85
2003	158.75	1380.50	156.45	53859.18
2004	176.75	16309.08	170.64	69445.04
2005	184.71	17466.74	186.21	80258.10
2006	202.41	19197.21	203.70	88839.85
2007	222.78	21592.58	227.58	101418.81
2008	286.79	23196.70	258.59	110300.49
2009	297.69	24834.94	282.52	122133.31
2010	326.95	27894.26	325.18	141837.42
2011	352.63	30984.03	369.70	159323.62
2012	380.40	33383.09	410.04	173804.46
2013	212.30	27571.65	409.89	168013.80
2014	203.22	28647.13	416.73	181667.69
2015	194.33	30058.89	417.59	178355.90
2016	190.02	31258.47	431.34	186629.48

资料来源：笔者根据《中国统计年鉴》（2017）整理计算。

3.1.2　运输方式与运输结构的变化情况

1. 旅客运输

（1）不同运输方式的客运量。现代化的交通运输方式主要有铁路运输、公路运输、水路运输和航空运输四种运输方式。由表3－2可以看出，1995～2016年我国各种交通运输方式的客运总量大体呈稳步上升的趋势，其中民航增幅最大，增长了9.54倍；其次为铁路，增加了2.74倍；公路和水路客运量增长则较小，仅为1.48倍和1.14倍。值得注意的是，2013年公路客运量由2012年的355.70亿人下降为185.35亿人，锐减了近50%且呈逐年下降趋势，同期民航和铁路运输则分别增长了10.84%和11.23%。究其原因，除了宏观影响因素之外，多元化的出行方式造成了公路客运的大量分流，其中私家车的迅猛发展对中短途公路客运量造成了极大的流失，民航及高铁运输速度快、密度大等特点更是直接挤压了中长线公路运输的客运量。

表3－2　　**全国不同运输方式客运量**　　单位：万人

年份	铁路	公路	水路	民航
1995	102745	1040810	23924	5117
1996	94796	1122110	22895	5555
1997	93308	1204583	22573	5630
1998	95085	1257332	20545	5755
1999	100164	1269004	19151	6094
2000	105073	1347392	19386	6722
2001	105155	1402798	18645	7524
2002	105606	1475257	18693	8594
2003	97260	1464335	17142	8759
2004	111764	1624526	19040	12123
2005	115583	1697381	20227	13827
2006	125656	1860487	22047	15968
2007	135670	2050680	22835	18576
2008	146193	2682114	20334	19251

续表

年份	铁路	公路	水路	民航
2009	152451	2779081	22314	23052
2010	167609	3052738	22392	26769
2011	186226	3286220	24556	29317
2012	189337	3557010	25752	31936
2013	210597	1853463	23535	35397
2014	230460	1736270	26293	39195
2015	253484	1619097	27072	43618
2016	281405	1542759	27234	48796

资料来源：《中国统计年鉴》(2017)。

（2）不同运输方式的客运量结构变化。从客运交通运输方式结构来看，公路是客运中最主要的方式，其次是铁路运输，而水路和民航占比很小，只是客运的重要补充。具体来看，1995～2016 年，公路和铁路运输占客运总量的 95% 以上。其中，公路客运始终是客运的主力军，其占比由 1995 年的 88.77% 增加至 2012 年的 93.50%，2013 年后占比有所下降，但仍维持在 80% 以上；铁路是旅客运输的第二大主力，1995 年客运量占比为 8.76%，期间有所下降，但 2013 年后由于高铁路网密度的不断增强而快速提高，至 2016 年铁路客运量占比达 14.80%；水路客运量占总体比例极小且总体呈下降的趋势，2013 年后其客运占比有所提高但仍为四种运输方式中的最低水平；民航客运量上升趋势明显，21 年间增加了 5.05 倍，但占比仍然很小，2016 年仅占 2.60%（见表 3－3）。

表 3－3　全国不同运输方式客运量结构　单位：%

年份	铁路	公路	水路	民航
1995	8.76	88.77	2.04	0.43
1996	7.61	90.09	1.84	0.45
1997	7.04	90.87	1.73	0.42
1998	6.90	91.17	1.45	0.41
1999	7.19	91.06	1.36	0.44
2000	7.11	91.09	1.29	0.45
2001	6.86	91.45	1.17	0.49

续表

年份	铁路	公路	水路	民航
2002	6.57	91.72	1.12	0.53
2003	6.13	92.22	1.07	0.55
2004	6.33	91.94	1.08	0.68
2005	6.26	91.87	1.08	0.75
2006	6.21	91.89	1.09	0.79
2007	6.09	92.06	1.03	0.83
2008	5.10	93.51	0.70	0.67
2009	5.12	93.35	0.74	0.78
2010	5.12	93.38	0.67	0.82
2011	5.28	93.19	0.71	0.83
2012	5.00	93.50	0.70	0.80
2013	9.90	87.30	1.10	1.67
2014	11.30	85.40	1.30	1.90
2015	13.00	83.30	1.40	2.20
2016	14.80	81.20	1.40	2.60

资料来源：《中国统计年鉴》（2017）。

2. 货物运输

（1）不同运输方式的货运量。1995～2016年全国各种运输方式的货运总量呈不断上升的态势（见表3-4），1995年公路、铁路、水路及民航的货物运输量分别为940387、165982、113194和101万吨，2016年上升至3341259、333186、638238和668万吨。从货运方式的变化幅度来看，航空货运量增长幅度最大，增长了5.61倍，年均增长9.41%，但其货运绝对量始终极小；公路、水路货运量呈现逐年上升的趋势（个别年份除外），21年间分别增加了2.55倍和4.64倍；铁路货运量有升有降，总体增长了1.01倍，但近年来呈现逐年下降的趋势，下降的原因：一是铁路货运产品50%以上是煤与铁矿石等大宗原材料，经济下行导致这些原材料需求下降并转嫁至铁路货运量；二是产业结构和空间布局大调整的影响，例如西部发电厂建成后降低了“西煤东送”运输需求等；三是交通运输方式的结构变化，如航运、高速公路、低成本的水运等多种运输的分散影响等。

表 3－4　　不同交通运输方式货运量　　单位：万吨

年份	铁路	公路	水路	民航
1995	165982	940387	113194	101
1996	171024	983860	127430	115
1997	172149	976536	113406	125
1998	164309	976004	109555	140
1999	167554	990444	114608	170
2000	178581	1038813	122391	197
2001	193189	1056312	132675	171
2002	204956	1116324	141832	202
2003	224248	1159957	158070	219
2004	249017	1244990	187394	277
2005	269296	1341778	219648	307
2006	288224	1466347	248703	349
2007	314237	1639432	281199	402
2008	330354	1916759	294510	408
2009	333348	2127834	318996	446
2010	364271	2448052	378949	563
2011	393263	2820100	425968	557
2012	390438	3188475	458705	545
2013	396697	3076648	559785	561
2014	381334	3332838	598283	594
2015	335801	3150019	613567	629
2016	333186	3341259	638238	668

资料来源：《中国统计年鉴》（2017）。

（2）不同运输方式的货运量结构变化。从货运方式结构来看，公路和水路承担了全国货运 85% 以上的任务，近几年占比更是超过 90%，而铁路和民航作为货运的补充，占比不到 10%；尤其是民航，其货运占比极少，几乎不足 0.02%。从货运方式的结构变化来看，公路货运量占比呈现逐步增长的趋势；水路的货运量占比有增有减，但近年来由于低成本优势占比呈上升趋势；而铁路的货运量占比逐步下降（见表 3－5）。

表3-5　各种货运方式占货运总量的比率　单位：%

年份	铁路	公路	水路	民航
1995	13.44	76.15	9.16	0.008
1996	13.17	75.77	9.81	0.009
1997	13.46	76.40	8.87	0.010
1998	12.96	77.01	8.64	0.011
1999	12.95	76.60	8.86	0.013
2000	13.14	76.46	9.01	0.014
2001	13.78	75.35	9.46	0.012
2002	13.81	75.25	9.56	0.013
2003	14.33	74.14	10.10	0.013
2004	14.59	72.95	10.98	0.016
2005	14.46	72.05	11.79	0.016
2006	14.15	71.98	12.20	0.017
2007	13.81	72.04	12.35	0.017
2008	12.77	74.12	11.38	0.015
2009	11.80	75.31	11.29	0.015
2010	11.23	75.51	11.68	0.017
2011	10.64	76.28	11.50	0.015
2012	9.50	77.80	11.20	0.015
2013	9.70	75.10	13.70	0.010
2014	9.20	74.70	14.40	0.010
2015	8.00	75.40	14.70	0.020
2016	7.60	76.20	14.50	0.020

资料来源：《中国统计年鉴》(2017)。

3.1.3　城市机动化及交通需求状况

伴随着经济的快速发展，全国的城市化步伐也不断加快，由此带来的城市人口迅速增加，人们活动的空间范围不断扩展，交通需求大大增加。同时，城市化进程的加快和人们生活水平的提高也促使居民在出行方式上越来越多地依靠机动车，特别是小汽车，从而给城市交通体系的发展带来了严峻的挑战。

1. 城市化进程特征

伴随着全球城市化的第三次大浪潮，1995 年后全国的城市化进入了整体推进时期，农村小城镇建设也出现了较快的发展，1995 年末我国总人口为 121121 万人，城镇化比例为 29.04%，至 2016 年末我国总人口增加至 138271 万人，城镇化率则攀升至 57.35%，比 1995 年的城镇化率提高近一倍，21 年间城镇常住人口增加了 17150 万人（见图 3－1）。按照城镇化发展的一般规律，在未来的时间里，全国的城镇化率将经历一个快速增长期，这给全国未来的城市交通带来了巨大的压力。

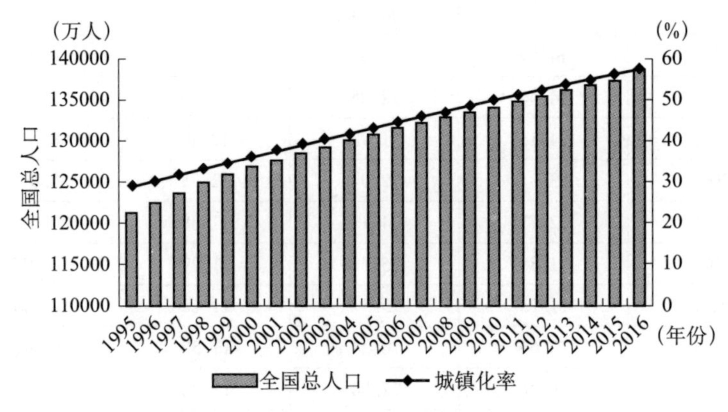

图 3－1　我国总人口及城镇化率趋势

资料来源：笔者根据历年《中国统计年鉴》相关数据整理计算。

2. 机动化发展状况

随着经济的快速发展、人口的增多、城市规模的不断扩大，我国机动化迅猛发展，汽车迅速进入千家万户。1995 年我国机动车保有量为 2534.62 万辆，2004 年突破 1 亿辆，到 2011 年底突破 2 亿辆，到 2016 年则增加至 2.6 亿辆，平均每年增加 1118.56 万辆，年平均增速达 11.73%（见图 3－2），远高于经济增长的速度。根据《中国交通年鉴》数据，截至 2016 年底，民用汽车保有量达 18574.54 万辆（包括三轮汽车和低速货车），为 1995 年民用汽车数量的 17.86 倍。未来，随着经济的进一步发展和城镇规模的进一步扩大，机动化水平仍将不断提升，由

此带来的交通能源消耗碳排放压力也非常之大。

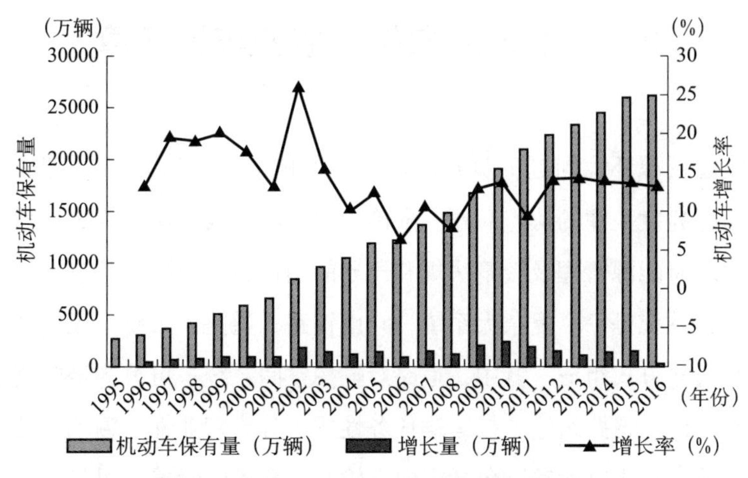

图 3－2　1995～2016 年全国机动车增长趋势

资料来源：笔者根据历年《中国交通年鉴》相关数据整理计算。

3. 私人汽车发展情况

由于城市人口的快速膨胀、城镇化率的逐步提高以及居民生活水平的不断改善，居民交通需求迅猛增加，私家车保有量持续快速增长。1995 年末我国私人汽车保有量 249.96 万辆，占民用汽车总量的 24.03%；2003 年突破 1000 万辆，2016 年末，全国民用汽车中私人汽车保有量突破 1.63 亿辆，环比增长 14.82%，民用轿车保有量 10876 万辆，环比增长 13.4%，其中私人轿车 10152 万辆，环比增长 15.5%。总体来看，21 年间全国私家车保有量增加近 65 倍，年增长率为 22.02%。与此同时，城市公共交通车辆运营数（1995 年公交车 13.7 万辆，出租车 50.4 万辆；2016 年公交车 60.9 万辆，出租车 140.40 万辆）的年平均增速仅为 7% 左右，而出租车的平均增长速度仅为 5% 左右。[①] 私家车拥有量持续高增长的态势，一方面会影响城市交通的出行结构；另一方面也会导致城市交通能源消耗急速增长、交通拥堵加剧、事故频发及城市环境恶化等。

① 资料来源：笔者根据历年《中国交通年鉴》相关数据整理计算。

3.2 我国交通碳排放的统计测算

随着资源环境问题的日益严峻，交通能源消耗和碳排放已成为国内、国际高度关注的焦点问题。准确、客观的交通能源消耗碳排放数据可以为政府能源管理及政策法规和规划的制订、实施提供信息支持。但交通运输系统是一个复杂大系统，它由铁路、道路、水路、民航和管道等多种运输方式组成。其中，道路运输按空间系统，可分为城际间公路运输和城市内道路运输，按运输任务性质可分为营业性运输和非营业性运输；航空和水路运输既包括国内运输又包含国际运输。可见，交通能源消耗与碳排放统计研究涉及面广，系统性和综合性强。

目前我国未公布交通行业碳排放数据，需要根据各种能源消耗的数据进行推算。对于交通能源消耗统计，我国的统计方法是将交通运输与仓储、邮政业划分为一个行业进行统计，但并未包括非营运运输尤其是非营运公路运输的能源消耗碳排放。鉴于此，依据 IEA 统计口径，从运输方式的视角并补充私人等非营运运输，分别从铁路运输、道路运输、水路运输、航空运输及管道运输等方面对我国交通能源消耗碳排放进行全口径统计测算和分析。其中，道路运输包括城际公路运输和城市客运（含公交车、出租车和私家车等）；同时，根据《联合国气候变化公约》的信息通报原则，国际交通活动或是国家燃料舱导致的温室气体排放不计入国家温室气体排放清单（《2006 年 IPCC 国家温室气体清单指南》也继承了这一观点），所以本章不考虑国际航空和国际航海运输的能源消耗及碳排放。

3.2.1 交通运输能源消耗碳排放的测算方法

由于各种交通运输方式的燃料消耗类型及数据获取方式不同，其碳排放的测算方法也有所区别。

1. 交通运输方式及其燃料类型

《2006 年 IPCC 国家温室气体清单指南》指出，移动源（交通）直接产生温室气体排放，包括二氧化碳（CO_2）、甲烷（CH_4）和各类燃料燃烧排放的氧化亚氮（N_2O），以及造成地区空气污染的其他污染物，如一氧化碳（CO）、非甲烷挥发性有机化合物（NMVOCs）、二氧化硫（SO_2）、微粒物质（PM）和氮氧化物（NOx），而且移动源燃烧产生的温室气体排放按主要运输活动进行估算，例如，公路、城市道路、空运、铁路和水运等。为此，参考《2006 年 IPCC 国家温室气体清单指南》《中国统计年鉴》和《中国交通年鉴》等资料将交通运输系统分为铁路运输、道路运输、水路运输、航空运输及管道运输等方式，核算各种运输方式能源消耗直接产生的 CO_2 排放，但不包括电力使用的间接排放。

铁路运输机车包括蒸汽机车、内燃机车、电力机车三种类型，分别采用煤炭、燃料（主要为柴油）、电力作为驱动能源。2003 年后蒸汽机车基本被替代，内燃机车和电力机车成为铁路运输的两大类型，机车结构的变化使能源消耗结构也发生相应的变化，已由过去以煤为主发展到目前以燃油和电力为主。由于电力机车所消耗的电力能源不直接产生 CO_2 排放，因而内燃机车成为铁路运输唯一直接的 CO_2 排放源。

道路运输按运输系统可分为城际间的公路运输和城市客运，运输工具包括载客汽车、载货汽车、三轮汽车及低速载货汽车、摩托车等，主要消耗汽油和柴油；另外还有电力、液化石油气、天然气等燃料，主要用于公共汽电车、出租车等（蔡博峰等，2011）。随着科技的发展，燃料电池汽车、混合动力汽车、纯电动汽车等新能源汽车从研发、示范走向推广阶段，逐步实现汽车污染低排放甚至零排放。

航空运输按航线可分为国际航线和国内航线的运输，国际、国内划分应取决于每个飞行阶段的起飞和着陆地点，而不是取决于航线的国籍。航空运输的主要燃料为航空煤油，包括所有民用商业飞机（客运和货运班机和包机、空中交通服务和一般航空）使用的燃料，但不包括机场用于地面运输的燃料使用和用于机场固定源燃烧的燃料。

水路运输是以船舶为主要运输工具，以港口或港站为运输基地，以水域包括海洋、河流和湖泊为运输活动范围的一种运输方式。根据航行水运性质可分为内河（包括运河、湖泊）运输、近洋运输、沿海运输和远洋运输，主要以燃料油和柴油作为能源动力源。相对于铁路、道路和航空运输而言，水路运输是产生 CO_2 较少的运输方式。

管道运输是用管道作为运输工具的一种长距离输送液体和气体物资的运输方式，主要用于输送石油、天然气等流体物质。但随着管道的口径不断增大及运距的迅速增加，管道运输能力大幅度提高，运输物资由石油、天然气、化工产品等流体逐渐扩展到煤炭、矿石等非流体。管道运输主要消耗燃油、电力、原油、天然气等能源，具有运量大、损耗少、运费低、占地少及污染低等特点。

综上，将中国交通运输系统的构成及主要燃料消耗分解为如图 3-3 所示。

2. 交通运输碳排放的测算方法

交通运输是化石燃料消耗的重点行业之一，化石燃料在燃烧过程中，大部分碳以 CO_2 形式迅速排放，少部分碳作为一氧化碳（CO）、甲烷（CH_4）或非甲烷挥发性有机化合物（NMVOCs）而排放，而作为非二氧化碳种类排出的多数碳最终仍会在大气中氧化成二氧化碳。在燃料燃烧的情况下，这些非二氧化碳气体的排放物中含有碳，相对于二氧化碳的估算量而言，其数量相当少。参考《2006 年 IPCC 国家温室气体清单指南》可将移动源（交通运输）CO_2 排放的计算方法分为两大类：一是“自上而下”，基于各类交通运输方式所消耗的燃料类型、消耗量等统计数据进行核算；二是“自下而上”，基于不同交通方式的交通工具类型、数量、行驶里程、单位行驶里程的燃料消耗等数据计算燃料消耗，进而计算 CO_2 排放量。

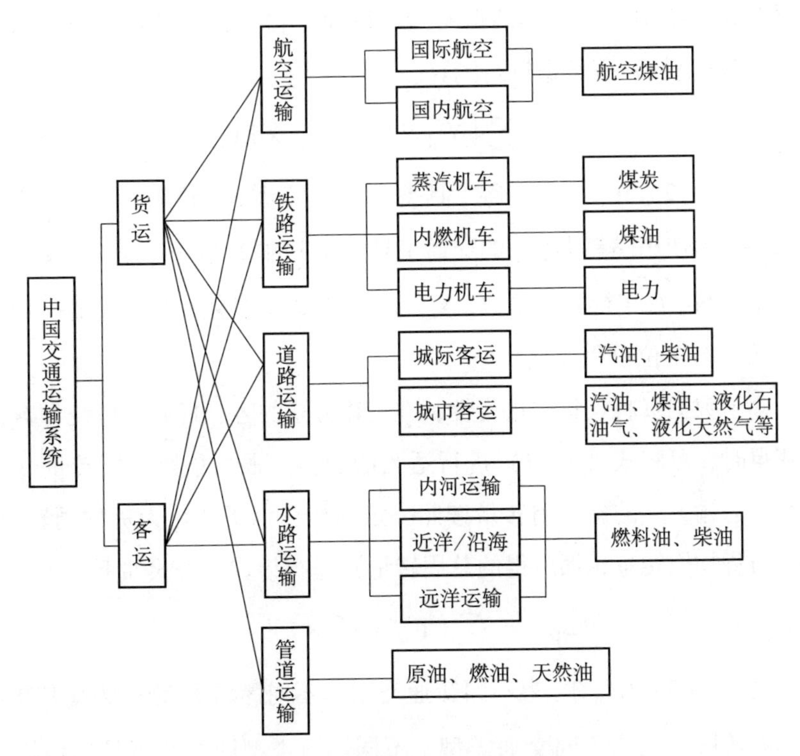

图3-3　中国交通运输系统结构

资料来源：笔者参考《2006年IPCC国家温室气体清单指南》《中国统计年鉴》和《中国交通年鉴》等整理绘制。

（1）方法一：基于交通运输燃料消耗的“自上而下”法。基于交通运输燃料的“自上而下”方法测算交通领域的碳排放可以根据燃烧的燃料数量及CO_2排放因子进行计算，公式如下：

$$E_{CO_2} = \sum_j [E_j \times EF_j] \quad (3-1)$$

式（3-1）中，E_{CO_2}为能源消费导致的CO_2排放总量，j为能源类型（如汽油、柴油、天然气等），E_j为能源消费量，EF_j为CO_2排放因子。

（2）方法二：基于交通行驶里程（VKT）的“自下而上”法。基于交通行驶里程（VKT，Vehicle kilometers travelled）的“自下而上”

法需要收集各类交通工具的保有量、行驶里程、各种燃料经济性水平（单位燃料消耗）等数据进行测算。

$$E_{CO_2} = \sum_{i,j} [V_{i,j} \times S_{i,j} \times x_{i,j} \times EF_j] \tag{3-2}$$

式（3-2）中，i 为交通工具类型（如机动车、轮船、火车、飞机等），$V_{i,j}$为使用燃料类型 j 的交通工具类型 i 的数量，$S_{i,j}$为各类交通工具使用燃料 j 每年行驶的里程，$x_{i,j}$为 i 类交通工具使用燃料 j 的平均燃料消耗（即单位里程能耗）。

鉴于数据资料收集的可行性，在运输方式的客、货周转量统计数据可获得时，可将式（3-2）进行适当的变换，根据总换算周转量（某类交通运输方式的旅客周转量按照一定的换算因子转化为货物周转量，然后与货物周转量相加所得的总周转量）进行计算，公式如下：

$$E_{CO_2} = \sum_{i,j} [T_{i,j} \times y_{i,j} \times EF_j] \tag{3-3}$$

式（3-3）中，$T_{i,j}$为不同交通类型、不同燃料类型的交通工具总换算周转量，$y_{i,j}$为不同交通类型、不同燃料类型的交通工具单位周转量能耗。

综合来看，两种计算方法的碳排放计算思路类同，区别在于移动排放源燃料消耗数据的获得方式不同。“自上而下”估算方法较“自下而上”方法更为准确，原因在于中国成品油生产和供应的垄断性较高，而基于行驶里程的 CO_2 排放核算会因为每个排放源的车型、燃料类型、行驶里程、行驶环境等因素的不同而导致能源消耗及碳排放各异，而且获取不同类型交通工具的行驶里程和单位油耗的精确值较为困难。从中国交通运输领域的燃油供应及统计数据来看，民航运输的燃料消耗统计数据具有可获得性，而其他运输方式则缺乏相应的能源消耗数据，故本章主要采用“自上而下”方法核算民航运输的能源消耗碳排放，对于其他运输方式则采用“自下而上”方法进行估算，并且对于铁路、水运、管道运输采用基于客运/货运周转量的式（3-3）进行计算。

3.2.2　交通运输能源消耗现状及发展趋势

交通运输业的碳排放测度基础是能源消耗的测算。交通运输能源消耗包括两部分：一是由完成运输活动的各种运输工具或设施直接消耗的能源；二是由各运输组织或管理部门服务于运输生产活动消耗的能源。相比较而言，交通运输领域的能源消耗主要是通过各种运输工具或设施所消耗的能源。因此，通常所涉及的交通运输行业能源消费等相关概念是指前者，而后者则可归于其他用能部门。

1. 铁路运输能源消耗

铁路运输是国民经济运输的大命脉，无论在拉动经济增长，促进劳动就业还是在国防与国家战略层面上都有着举足轻重的作用。铁路运输具有运输能力大、运货通用性能好、运输成本低、受气候和自然条件影响小、运行速度快等特点，很适合陆路运输。随着经济的快速发展，铁路运输业迅速发展，但快速的发展也需要相应的能源消耗支持。20 世纪 90 年代以后，中国铁路运输全系统的能源消耗基本上维持在 2400 万吨标准煤的水平。1995 年我国铁路运输企业全路消费能源 2399 万吨标准煤，其中消费煤炭 1616 万吨标准煤，油料折合标准煤 448. 7 万吨，电力折合标准煤 116. 8 万吨。近十年来，为了扩大铁路运输市场，铁路部门采取了多种措施吸引客源、货源，如增加复线、电气化里程建设，列车提速、增加舒适度高的空调列车等，其中有的会减少能耗，如复线电气化建设；有的则会提高运输单耗，如增加空调车。综合来看，随着铁路节能运输理念的不断推行，有计划地增加了内燃机和电力机车以替代高能耗高排放的蒸汽机车，铁路运输全系统的总能耗逐渐下降。

从能源的构成来看，铁路运输企业总能耗包括铁路客货运输及相关的调度、信号、机车、车辆、检修、工务等运输辅助活动产生的全部能源消耗。交通领域的能源消耗主要为铁路客货运输产生的能耗，即蒸汽机车、内燃机车和电力机车牵引的能源消耗，分别为煤炭、燃油（主要是柴油）和电力，但中国铁路运输几十年来致力于牵引动力结构改革，从过去以蒸汽机车为主，转变为以内燃、电力机车（磁悬浮列车也采用电力为驱动能源，可归于电力机车类型）为主。随着蒸汽机车逐渐被淘汰，铁路运输的燃料消耗也已由过去以煤为主变化为以柴油和电力为主。采用"自下而上"法计算铁路机车能源消耗如下：

$$E_R = \sum_{i,j} [T_{R,ij} \times y_{R,ij}] \tag{3-4}$$

式（3-4）中，E_R为铁路运输机车能源消费总量，i为能源类型（煤炭、柴油和电力等），j为机车类型（蒸汽机车、内燃机车和电力机车），$T_{R,ij}$为不同燃料类型、不同类型机车的总换算周转量，$y_{R,ij}$为单位周转量能耗，依此测算铁路机车能源消耗如表3-6所示。

表3-6　铁路运输周转量及燃料消耗

年份	机车运输换算周转量（亿吨千米）			单位周转量能耗（千克/10^4吨千米）			燃料消耗量		
	蒸汽机车	内燃机车	电力机车	蒸汽机车	内燃机车	电力机车	煤炭（万吨）	柴油（万吨）	电力（亿千瓦时）
1995	2689.98	14953.60	5848.39	137.4	24.2	109.4	369.60	361.88	63.98
1996	2190.33	15469.25	6042.55	141.9	24.6	109.9	310.81	380.54	66.41
1997	1467.72	16402.69	6426.33	155.6	25.2	111.7	228.38	413.35	71.78
1998	749.42	15975.73	6746.99	175.8	26.0	112.7	131.75	415.37	76.04
1999	324.76	16820.47	7452.64	206.6	26.2	113.6	67.10	440.70	84.66
2000	195.86	17675.35	8338.54	207.8	25.8	113.2	40.70	456.02	94.39
2001	122.00	18114.95	9591.89	195.0	25.7	113.1	23.79	465.55	108.48
2002	3.95	17679.59	11696.39	421.5	25.9	110.8	1.66	457.90	129.60
2003	0.17	18349.96	12810.79	330.5	25.4	110.0	0.06	466.09	140.92
2004	0	19834.60	14470.84	—	25.0	111.2	0	495.87	160.92
2005	0	20903.83	15591.08	—	24.6	111.8	0	514.23	174.31
2006	0	21293.94	16867.24	—	24.3	110.0	0	517.44	185.54
2007	0	21031.72	20088.22	—	24.6	109.5	0	517.38	219.97
2008	0	20780.82	21729.71	—	24.9	110.6	0	517.44	240.33
2009	0	18167.89	24303.24	—	25.2	107.9	0	457.83	262.23

续表

年份	机车运输换算周转量（亿吨千米）			单位周转量能耗（千克/10^4 吨千米）			燃料消耗量		
	蒸汽机车	内燃机车	电力机车	蒸汽机车	内燃机车	电力机车	煤炭（万吨）	柴油（万吨）	电力（亿千瓦时）
2010	0	16115.78	29622.96	—	26.4	102.4	0	425.46	303.34
2011	0	14455.82	32988.82	—	26.5	100.6	0	383.08	331.87
2012	0	13062.08	33703.06	—	26.8	102.1	0	350.06	344.11
2013	0	11376.24	34765.74	—	27.3	101.9	0	310.57	354.26
2014	0	9772.29	34270.64	—	27.2	103.3	0	265.71	353.88
2015	0	7750.28	31850.08	—	27.7	106.8	0	214.92	352.65
2016	0	7032.18	32267.79	—	29.3	109.2	0	206.11	352.27

资料来源：笔者根据《中国交通年鉴》（1996～2017）整理计算而得。

从表3－6中数据可以看出，随着蒸汽机车逐渐被淘汰，内燃机车和电力机车的运输工作量逐年增加，并且在绿色环保的电力机车快速占领铁路运输市场的同时，内燃机车的运输工作量占总运输工作量的比重也迅速下降（见图3－4），1995年蒸汽机车、内燃机车和电力机车全年完成的运输工作量为2689.98、14953.60和5848.39亿吨千米，分别占总运输工作量的11.45%、63.65%和24.90%；2003年，蒸汽机车基本被淘汰，内燃机车和电力机车的运输工作量占比分别为58.89%和41.11%；至2016年，内燃机车和电力机车的运输工作量分别增加为7032.18亿吨千米和32267.79亿吨千米，电力机车完成运输工作量占总运输工作量的比重增加为82.11%，而内燃机车工作量占比则下降至17.89%。

从各种铁路机车燃料消耗量的变化趋势来看（见图3－5），蒸汽机车的煤炭消耗量下降趋势十分明显，1995年蒸汽机车煤炭消耗量为369.60万吨（折合标准煤264.01万吨），至2003年煤炭消费量仅为0.04万吨标准煤；内燃机车的燃油消耗呈先增后减的态势，1995年为527.29万吨标准煤，2006年达到最高值753.97万吨标准煤，随后逐步下降，2016年为300.33万吨标准煤；电力机车的能耗随运输工作量占比的不断上升而增加，1995年电力消耗为63.98亿千瓦时（78.63万吨标准煤)，2016 年电力消耗增至 352.27 亿千瓦时，折合标准煤 432.94 万吨，与电力机车运输工作量所占份额（82.11%）相比，其能耗占比相对要低得多（59.04%）。可见，电力机车运输的低能耗优势极其显著，铁路机车结构的调整给铁路运输节能减排带来明显的社会经济效益。

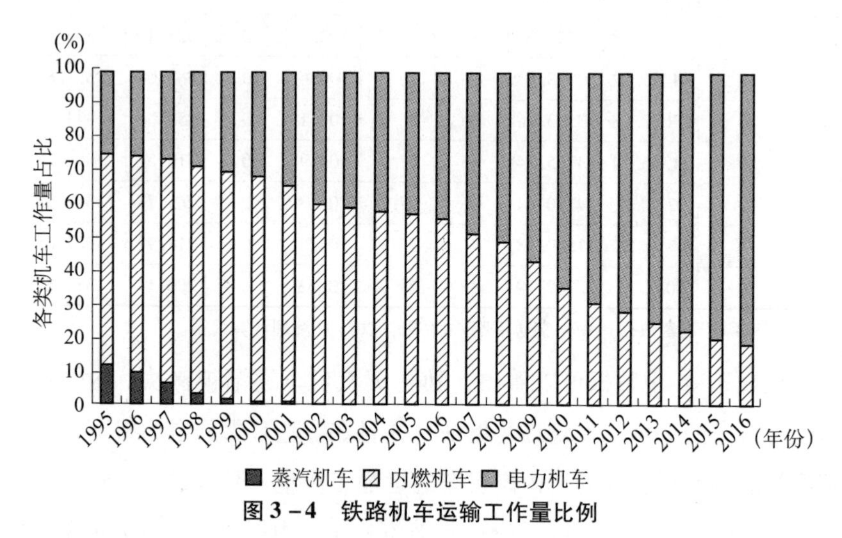

图 3-4 铁路机车运输工作量比例

资料来源：笔者根据《中国统计年鉴》《中国交通年鉴》相关数据整理计算。

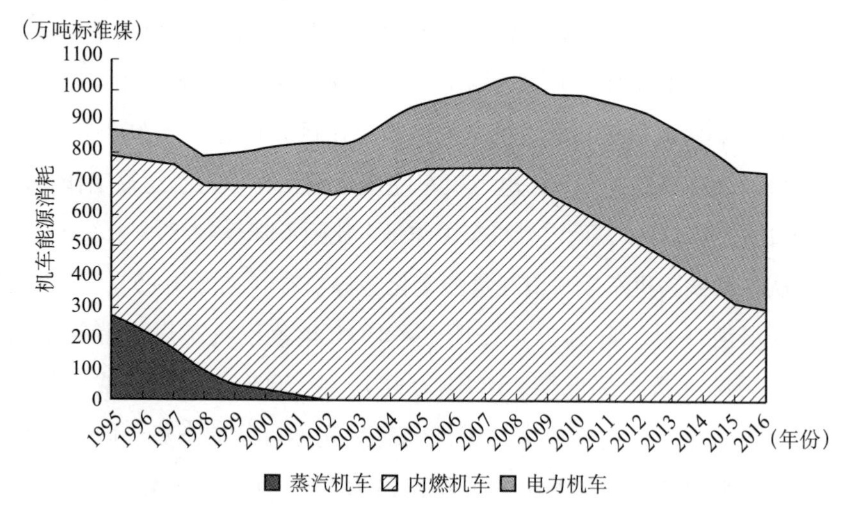

图 3-5 铁路机车运输能源消耗

资料来源：笔者根据《中国统计年鉴》《中国交通年鉴》相关数据整理计算。

2. 道路运输能源消耗

道路运输是占交通运输业能源消费比重最大的领域。道路运输网一般比铁路、水路网的密度要大十几倍，具有机动灵活、适应性强、可实现“门到门”等其他运输方式无法比拟的优点。当前我国交通运输能源消耗统计与国际统计口径最重要的差异在于我国的道路运输能耗只统计了交通部门营业性车辆的能耗，未统计社会其他部门行业及私人车辆的能耗。然而，随着我国私人汽车的迅猛发展，私人汽车运输的能源消耗占比持续增加，并逐步占据主导地位，这部分差异大大低估了我国交通运输能耗水平。由于我国缺乏全口径道路运输的燃料消耗量统计数据，要准确统计我国道路部门的能源消耗量较为困难，当前大多研究只能通过研究文献和专家经验估算其消耗量。为了较为准确地统计我国全社会道路运输的能源消耗，将我国道路运输分为城际公路运输和城市客运运输。针对当前我国交通运输能源消耗统计中非营运车辆能耗缺失的问题，城际运输能源消耗量的统计按照全社会公路运输周转量（含社会车辆和私营运输）口径进行测算，而城市运输则包括公交车、出租车及私家车。

（1）城际公路运输能源消耗。随着国民经济的迅速发展、公路网技术水平的提升、汽车工业的不断进步，公路运输在综合运输体系中占有越来越重要的地位。特别地，伴随着商品经济的日益活跃、区域间经济交往和货物交流的日趋频繁以及道路条件的改善，城际公路运输业尤其是货运业迅猛发展。针对当前我国交通运输能源消耗统计中非营运车辆能耗缺失的问题，根据全社会（含社会车辆和私营运输）道路旅客、货物运输周转量乘以单位周转量能耗（式 3－3）对城际公路运输的汽油、柴油消耗量进行测算：

$$E_H = \sum_{i,j} [T_{H,ij} \times y_{H,ij}] \tag{3-5}$$

式（3－5）中，E_H 为城际公路运输能源消费总量，i 为能源类型（汽油和柴油），j 为客货运输类型，$T_{H,ij}$ 为公路旅客（或货物）运输周转量，$y_{H,ij}$分别为汽油车和柴油车旅客（或货物）运输的单位周转量能耗。测算结果及各年变化趋势如图 3－6 所示。

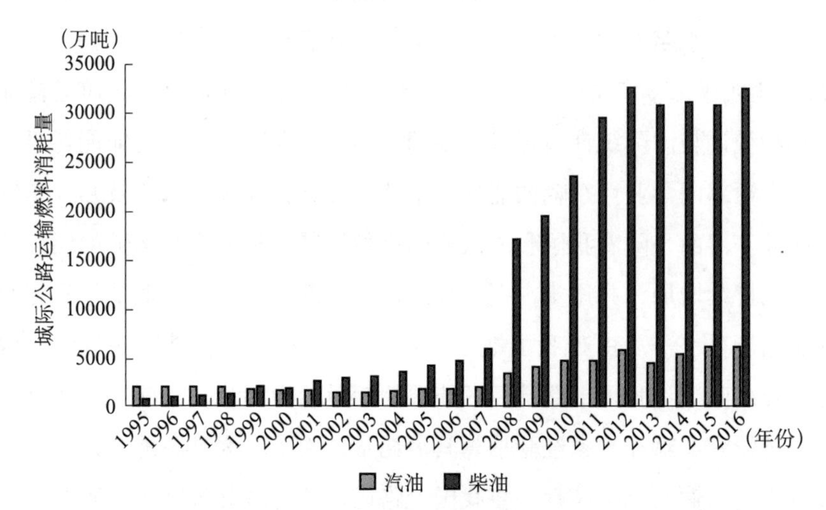

图 3－6　公路运输燃料消耗趋势

资料来源：笔者根据《中国统计年鉴》《中国交通年鉴》相关数据整理计算。

计算结果表明，城际公路运输汽油消费量由 1995 年的 1804.54 万吨增加至 2016 年的 6056.87 万吨，增加了 2.36 倍，年均增长 5.94%；公路柴油消费量由 1995 年的 568.99 万吨增加至 2016 年的 32579.70 万吨，增加了 56.29 倍，年均增长 21.26%。相比较来看，公路汽油消费量增长趋缓，柴油消费量增加非常明显，这主要因为这期间公路货物运输量迅猛增加，而且柴油货车的占比较大。特别是 2008 年后公路柴油消耗量出现突增，这除了与统计口径变化有关之外，还有两个主要原因：一是 2008 年的四万亿投资计划，国家、地方统筹的基建项目上马，公路建设和铁路建设占了很大的一部分，加之国家继续完善公路运输布局规划等政策，各地建设高速公路的热情高涨，货物运输平均运距提高，促进公路货运周转量迅猛增长从而加大了能源消耗量；二是目前国内贸易除了大件、大宗产品等特殊商品外（煤炭通过铁路或水路，石油通过管道运输等），多数货运通过公路运输，尤其是随着近年网购和物流运输业呈指数级增长，货物总量上升，货运周转量也随之提升导致柴油消耗的迅猛增加。

（2）城市公共交通运输能源消耗。随着城市化进程的不断加快，居民城市交通需求迅猛增加，城市公共交通是人们在城市范围内出行所使用的重要方式之一，是城市交通系统的核心，主要包括公交车和轨道交通（有轨电车、轻轨和地铁）。同时，出租车作为公共交通系统的重要组成部分，是城市个性化的一种公共交通方式。其机动性、灵活性、时间性和效率性是其他公共交通方式无法替代的，在大众化公共交通服务盲区或特殊时段，出租车成为主要的公共交通方式，承担着城市居民社会生活和工作追求效率的需要。

城市公共交通的能耗取决于城市出行总量、城市公共交通分担率、城市公共交通单位能耗及所使用的能源结构。城市出行总量与城市总人口、人均出行次数和平均出行距离有关，一般随城市化和人们生活水平的提高而增加；城市公共交通分担率指由城市公共交通承担的出行量占总出行量的比重，可按照出行次数或是出行里程计算；城市公共交通的单位能耗可分别按运输量（千克标准煤/万人次）或运输里程（千克标准煤/百车千米）进行统计，所使用的能源主要有柴油、汽油、电力、压缩天然气（GNG）、液化石油气（LPG）等清洁燃料、混合动力等。依据资料的可获得性，运用“自下而上”模型测算公交车（含轨道交通）和出租车的能源消耗，方法如下：

$$E_{B(T)} = \sum_{i} N_{B(T)} \times L_i \times D \times \rho_i \qquad (3-6)$$

式（3-6）中，$E_{B(T)}$为公交车（或出租车）燃油消费总量，i为能源类型，$N_{B(T)}$为公交车（或出租车）数量，L_i为不同燃料车单位里程能耗，D为公交车（或出租车）年均行驶里程，ρ_i为燃油密度（汽油密度为0.74吨/千升，柴油密度为0.839吨/千升，对于无法区分的燃油密度取两者平均值0.7895吨/千升）。

由于当前公开的统计资料很难获得相关能耗数据，为掌握交通运输行业节能降耗演变趋势，把握节能管理工作进展情况，交通运输部规定自 2010 年建立交通运输能源消耗统计监测报表制度。参考交通运输能源消耗检测数据，估算 1995 ~ 2016 年我国城市公交车（含轨道交通）和出租车的能源消耗及其增长变化情况如图 3 –7 和图 3 –8 所示。

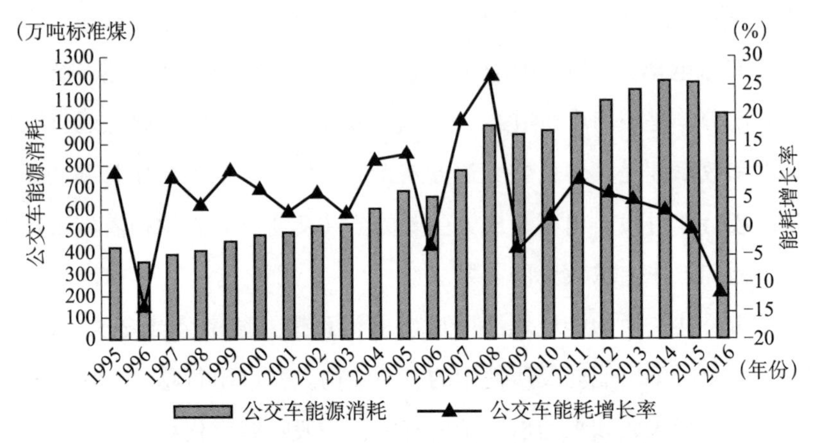

图 3 –7　城市公交车（含轨道交通）能源消耗

资料来源：笔者根据《中国统计年鉴》《中国交通年鉴》相关数据整理计算。

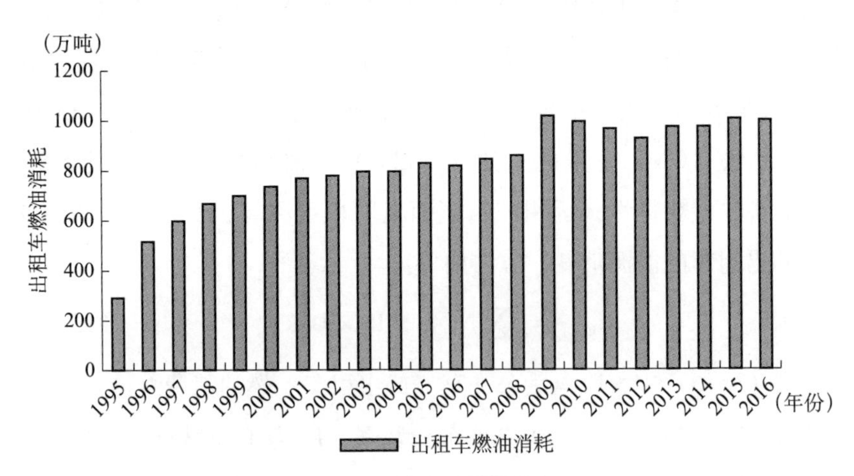

图 3 –8　出租车燃油消耗

资料来源：笔者根据《中国统计年鉴》《中国交通年鉴》相关数据整理计算。

由图 3 –8 可以看出，出租车燃油消耗相对较低，这与我国出租车数量较少有关。1995 年我国出租车总量为 32.67 万辆，油耗总量不足 300 万吨，1996 年出租车数量增至 58.54 万辆，此后则缓慢增长，至 2016 年末我国出租车数量也仅为140.40万辆，仍不足私家车的1%。相应地，其能源消耗增幅也较小，个别年份还出现了稍微下降的情况，但随着出租车对于城市交通负荷的分担比重加大，其能源消耗也不可忽视。

（3）私家车燃油消耗。随着城市化进程的迅速推进及生活水平的快速提高，城市居民的出行方式日渐多样化，舒适、快捷、便利的私家车成为人们出行的主要方式之一，私家车保有量的迅猛增加在给人们出行带来方便快捷的同时也带来了城市拥堵、高能耗及高排放等“城市病”问题。在当前有关交通能耗的统计中，私家车能耗往往没有计算在内，但却占据非常大的份额，随着私家车保有量的进一步增长，这一份额还将继续加大。由于目前各部门均未对私家车能源消耗情况进行统计，因此运用“自下而上”模型，根据私家车拥有量、年均行驶里程、油耗技术水平等指标进行推算如下（目前私家车大多为汽油车，兼有少量柴油车，且汽油燃料基本为92#和95#汽油燃料）：

$$E_P = \sum_i N_P \times L_i \times D \times \rho_i \quad (3-7)$$

式（3-7）中，E_P为私家车燃油消费总量，N_P为私家车保有量（万辆），估算结果如图3-9所示。

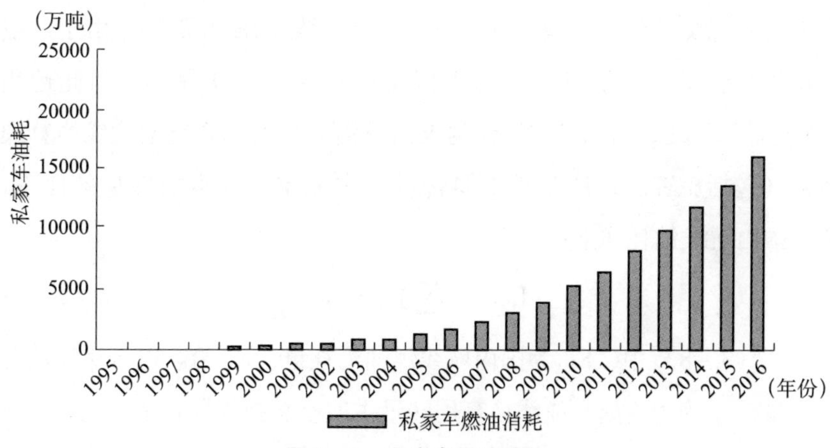

图3-9 私家车燃油消耗

资料来源：笔者根据《中国统计年鉴》《中国交通年鉴》《中国城市年鉴》等相关数据整理计算。

图 3 -9 显示，随着私家车保有量的迅猛增加，油耗也呈指数型增加趋势，1995 年私家车燃油消耗为 140.95 万吨，2016 年增长至 18356.76 万吨，21 年间增长近 130 倍，年均增长率超过 26%，远高于同期其他交通方式油耗增长率。可见，私家车拥有量快速增长给当前中国化石燃料消耗及碳排放带来巨大的压力。

3. 航空运输能源消耗

民航业是国民经济的重要基础产业，其发达程度对内反映了一个国家和地区的现代化水平、经济发展及对外开放水平等状况，对外则是衡量国家、区域参与国际竞争能力的重要指标。从国际环境看，随着经济全球化的日益加深和世界经济贸易的持续增长，我国的国际航空运输市场发展空间将更为广阔。从国内环境看，我国全面建设小康社会进入重要时期，区域发展总体战略深入实施，城市化布局和形态更趋完善，民航关联产业继续保持快速增长，大众化、多样化趋势明显。这些都为中国民航业的迅猛发展提供了极其有利的条件，但民航业飞速发展的同时也将带来能源消耗的迅速增加。

如前文所述，本章仅计算国内交通运输产生的能耗及碳排放，故仅考虑国内航线（包括港澳地区航线）航空运输的能源消耗。由于航空运输的燃油总消耗量可通过《中国交通年鉴》直接获得，因此运用“自上而下”法，依据航空运输的煤油总消耗量及国内航空航线换算周转量（包括旅客、邮件及货物周转量）占航空总换算周转量的比率，测算国内航线油耗如下：

$$E_{NA} = \sum_{i} E_{A} \times r_{N} \tag{3-8}$$

式（3 -8）中，E_{NA} 为国内航线煤油消耗量，E_{A} 为航空运输煤油总消耗量，r_{N} 为国内航空航线换算周转量占航空总换算周转量的比率，测算结果如表 3 -7 所示。

表3－7　　航空运输周转量及煤油消耗

年份	运输周转量（亿吨千米）		航空煤油消耗（万吨）	
	国内航线周转量	国际航线周转量	总油耗	国内航线油耗
1995	51. 31	20. 12	271. 43	194. 97
1996	58. 03	22. 58	301. 35	216. 94
1997	58. 86	27. 81	327. 52	222. 42
1998	61. 85	31. 13	377. 58	251. 17
1999	66. 66	39. 45	387. 37	243. 36
2000	75. 98	46. 52	420. 23	260. 65
2001	95. 16	46. 04	535. 57	360. 94
2002	110. 06	54. 86	600. 07	400. 46
2003	115. 02	55. 78	604. 88	407. 33
2004	153. 59	77. 41	788. 77	524. 45
2005	175. 75	85. 52	878. 08	590. 65
2006	202. 67	103. 13	1000. 54	663. 10
2007	235. 31	129. 99	1129. 89	727. 82
2008	247. 87	128. 90	1174. 55	772. 71
2009	297. 12	129. 95	1314. 17	914. 29
2010	345. 48	192. 97	1531. 40	982. 58
2011	380. 61	196. 84	1646. 29	1085. 11
2012	415. 83	194. 49	1787. 03	1217. 56
2013	461. 05	210. 68	1998. 18	1371. 48
2014	508. 00	240. 11	2216. 03	1504. 79
2015	559. 04	292. 61	2504. 88	1644. 25
2016	621. 93	340. 58	2814. 9	1818. 85

资料来源：笔者根据《中国交通年鉴》（1996～2013）整理计算而得。

表3－7测算结果表明，1995年国内航线运输总周转量为51. 31亿吨千米，航空煤油消耗量为194. 97万吨；2016年国内航线运输总周转量增加至621. 93亿吨千米，消耗航空燃油1818. 85万吨，分别比1995年增长11. 12倍和8. 33倍，年均增长率分别达12. 61%和11. 22%，低于同期私家车能耗增长速度但却远高于经济增长的速度。

4. 水路运输能源消耗

水路运输主要分为内河（包括运河、湖泊）运输、近洋/沿海运输及远洋运输，其能源消耗为注册运输船舶的燃油消耗，主要燃料类型为燃料油与柴油。《2006 年 IPCC 国家温室气体清单指南》规定在报告程序中，国内与国际水运的排放需要分开报告，故本章仅计算在中国境内航运（内河及沿海水运）的能源消耗和碳排放，不包括远洋运输的能耗及产生的碳排放。

以内河及沿海客货运输周转量及单位燃油消耗数据为基础，依据式（3－3），采用“自下而上”模型测算国内航运燃料消耗量如下：

$$E_W = \sum_{i,j,k} [T_{W,ijk} \times y_{W,ijk}] \tag{3-9}$$

式（3－9）中，E_W 为水路运输能源消费总量，i 为能源类型（燃料油、柴油），j 为船舶类型（内河船舶、沿海船舶），k 为客、货运输方式，$T_{W,ijk}$为不同燃料类型、不同类型船舶客货运输周转量，$y_{W,ijk}$为不同燃料类型、不同类型船舶客货运输单位周转量能耗。

从计算结果来看（见表 3－8），“十一五”规划前中国水运能耗变化幅度不大（2005 年除外），之后由于国务院先后批准了《全国沿海港口布局规划》《全国内河航道与港口布局规划》《长江三角洲、珠江三角洲、渤海湾三区域沿海港口建设规划》等水运规划，并出台了多项促进水运发展的新政策和新措施，加之“十一五”时期我国投入巨额资金建设内河和沿海航道，使水运发展实现了历史性的突破，运输周转量大幅增加，同时也导致水运燃油消耗节节高升。尤其是 2007 年，由于燃油单耗的历史性突破（单位周转量能耗由 2006 年的 5 千克/10^3 吨千米突增至 12 千克/10^3 吨千米）。出现这一现象的原因，除了数据统计口径的变化影响之外，专家认为在一定的程度上是由于 2007 年水运业的良好态势使其运价高涨，促使航运业大大提高航速进行运输生产进而导致水运的单耗大幅提高（水运单耗与航速的三次方呈正相关）导致当年的航运油耗也达到最高，为 1874.57 万吨，比 2006 年增加了 189.97%，至 2016 年燃油消耗量增加到 1964.20 万吨，为 1995 年的 5.31 倍。结合水运旅客与货物运输周转量来看，由于水运存在速度慢、时效性不强等弱点，在中国的旅客运输中所占份额及作用并不明显，而且随着民航、铁路等运输条件的不断改善，水路旅客运输的作用越来越弱化。但水运存在着投资少、运力大、成本低、能耗低等优势，对于时效性要求不高的大宗货物和集装箱货物，尤其是需要量稳定、连续发送就能满足其需要，且价格不高的大宗货物，航运仍具有明显的优势，从而导致货物运输周转量与燃油消耗量稳步增加。

表 3 - 8　　　　水运周转量及燃料消耗

年份	旅客周转量（亿人千米）		货物周转量（亿吨千米）		单位周转量能耗（千克/10^3 吨千米）	燃油消耗量（万吨）
	内河	沿海	内河	沿海		
1995	109.73	33.63	1132.41	3688.33	7.60	370.01
1996	102.26	30.18	1130.74	3956.93	7.30	374.62
1997	96.09	28.18	913.54	2044.71	7.70	230.97
1998	66.52	24.47	783.22	2271.91	9.00	277.69
1999	72.51	29.10	1419.12	2829.26	8.00	342.58
2000	63.47	30.91	1551.22	5110.32	9.00	602.37
2001	53.95	29.47	1536.94	3578.94	5.80	298.33
2002	46.02	29.12	1508.72	4269.19	6.00	348.18
2003	30.58	26.74	1708.84	4702.14	6.00	385.81
2004	30.61	28.57	2184.44	6988.82	6.00	551.58
2005	31.41	27.70	2625.65	8494.89	7.00	779.82
2006	31.50	30.88	3025.32	9883.13	5.00	646.46
2007	33.64	33.68	3553.12	12045.83	12.00	1874.57
2008	26.90	25.07	4151.51	13260.63	6.00	1045.77
2009	27.57	33.57	4632.73	13399.81	5.67	1023.60
2010	29.53	32.75	5535.74	16892.63	5.89	1322.25
2011	33.38	30.58	6564.88	19503.56	5.85	1526.25
2012	35.43	30.23	7638.42	20657.06	5.85	1755.68
2013	32.61	22.41	11514.14	19216.14	5.90	1814.17
2014	33.23	27.95	12784.90	24054.59	5.10	1879.85
2015	32.28	28.02	13312.41	24223.94	5.20	1952.94
2016	31.45	28.23	14091.68	25172.51	5.00	1964.20

资料来源：笔者根据《中国交通年鉴》（1996～2017）整理计算而得。

5. 管道运输能源消耗

管道运输业是继铁路、公路、航空、水运运输之后的第五大运输业，尤其适合于长距离大运量液态和气态货物的运输，主要消耗燃油、电力、原油、天然气等能源。依据式（3-3）测算管道能耗消耗如下：

$$E_G = \sum_{i,j} [T_{G,i} \times y_{G,i}] \tag{3-10}$$

式（3-10）中，E_G 为管道运输能源消费总量，i 为能源类型，$T_{G,i}$ 为不同燃料类型管道运输周转量，$y_{G,i}$ 为不同燃料类型管道运输单位周转量能耗，测算结果如图 3-10 所示。

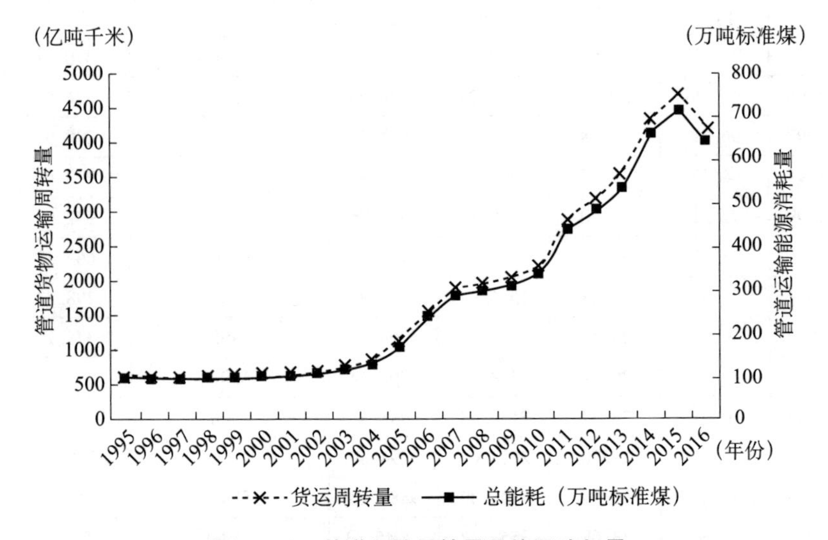

图 3-10　管道运输周转量及能源消耗量

资料来源：笔者根据《中国统计年鉴》《中国交通年鉴》相关数据整理计算。

由图 3-10 可知，2016 年完成管道货物运输周转量 4196 亿吨千米，耗能 640 万吨标准煤，比 1995 年增加 6 倍左右，但与其他运输方式相比，中国管道运输所承担的运输量仍十分有限。

3.2.3　交通运输碳排放现状及发展趋势

交通运输的能源消耗带来相应的碳排放，其中的化石类能源消费是人类活动中碳排放的主要来源。以二氧化碳排放量度量碳排放，仅核算交通 CO_2 直接排放，不包括由于电力使用的间接排放。因此能源碳源主要指化石能源，主要包括汽油、柴油、液化石油及天然气等，依据式（3-1）和式（3-2）对中国各种交通运输方式的碳排放进行测算，考虑到中国能源使用特点及实际情况，根据不同能源的折算系数、排碳因子、固碳率及碳氧化率对各类能源的 CO_2 排放因子进行分解计算，进而测算中国交通运输 CO_2 排放量的方法如下：

$$E_{CO_2} = \sum_j E_j \times EF_j = \sum_i E_j \times k_j \times ef_j \times (1 - cs_j) \times o_j \times (44/12) \quad (3-11)$$

在式（3-11）中，E_{CO_2}为能源消费导致的 CO_2 排放总量，j 为能源类型，E_j 为能源消费量，k_j、ef_j、cs_j、o_j 分别为能源折算系数、排碳因子、固碳率和碳氧化率（如表3-9所示），数值44和数值12分别为二氧化碳和碳的摩尔量。其中，固碳率是指各种化石燃料在使用过程中被固定下来的碳的比率，由于这部分碳没有被释放，所以在计算中予以扣除；碳氧化率是指各种化石燃料在燃烧过程中被氧化的碳的比率，表征燃料燃烧的充分性。

表3-9　各种能源系数

能源	能源折算系数（千焦/千克或立方米）	排碳因子（t/TJ）	固碳率（%）	碳氧化率
原煤	20908	24.74	0.02	0.900
焦炭	28435	29.41	0.02	0.928
原油	41816	20.08	1.47	0.979
燃料油	41816	21.09	1.47	0.985
汽油	43070	18.90	1.47	0.980
煤油	43070	19.60	1.47	0.986
柴油	42652	20.17	1.47	0.982
天然气	38931	15.32	1.70	0.990

资料来源：各系数值参考《中国能源统计年鉴》《城市温室气体清单研究》和IPCC。

1. 中国交通运输碳排放总量测算

铁路运输机车三种类型中，电力机车的能源消耗主要为电力，不直

接产生 CO_2，因此铁路运输的碳排放主要为煤炭及燃油消耗产生的 CO_2。同时，随着蒸汽机车逐渐被淘汰，2003 年后铁路交通 CO_2 的排放源主要来自柴油的燃烧。

道路运输主要以汽车为载体，是交通化石能源消耗及排放的重点领域，产生诸如 CO_2、CH_4、N_2O 等温室气体。汽车保有量的增长增加了对能源的消耗，更导致道路运输碳排放高居不下。

对于航空运输而言，温室气体排放主要为飞机起飞和着陆时的排放，航空排放来自喷气燃料（喷气煤油和喷气汽油）和航空汽油的燃烧。飞机发动机排放大致有 70% 的 CO_2，略少于 30% 的 H_2O 和不足 1% 的 NOx、CO、SOx、NMVOC、微粒和其他微量成分，包括有害空气污染物。

水运作为五种运输方式中“节能减排”特性最好的方式，被称为“绿色运输方式”。其不占土地、温室气体排放少，是其他几种运输方式所无法比拟的。水运引起的排放主要有 CO_2、CH_4 和 N_2O，以及 CO、NMVOCs、SO_2、PM 和 NOx。

管道运输的排放主要指泵站运行和管道维护产生的燃烧排放。

依据“自上而下”和“自下而上”两种核算方法及式（3－11）分别对铁路、民航、道路、水运及管道运输的 CO_2 排放进行统计测算，结果如表 3－10 所示。

表 3－10　　交通运输二氧化碳排放量测算结果　　单位：万吨

年份	铁路	道路	航空	水路	管道	总计
1995	1839.08	9281.50	592.06	1140.44	224.78	13077.86
1996	1781.49	10606.72	658.78	1154.66	222.88	14424.53
1997	1721.19	11353.71	675.44	711.91	220.59	14682.85
1998	1533.30	12637.23	762.75	855.90	230.88	16020.05
1999	1489.69	14443.86	739.02	1055.90	235.04	17963.51
2000	1485.25	14510.27	791.53	1856.62	238.06	18881.73
2001	1481.51	16996.73	1096.08	919.52	244.42	20738.27

续表

年份	铁路	道路	航空	水路	管道	总计
2002	1414. 61	18130. 18	1216. 10	1073. 15	255. 65	22089. 68
2003	1436. 69	19754. 23	1236. 96	1189. 13	276. 76	23893. 77
2004	1528. 36	22043. 08	1592. 60	1700. 08	305. 03	27169. 15
2005	1584. 97	25755. 62	1793. 65	2403. 55	407. 11	31944. 91
2006	1594. 86	29524. 52	2013. 66	1992. 53	580. 61	35706. 17
2007	1594. 67	35500. 88	2210. 19	5777. 79	698. 41	45781. 94
2008	1594. 86	77220. 86	2346. 52	3223. 27	727. 66	85113. 16
2009	1411. 13	90807. 63	2776. 46	3154. 94	757. 00	98907. 16
2010	1311. 34	109022. 89	2983. 83	4075. 45	822. 42	118215. 93
2011	1180. 73	131775. 37	3295. 20	4704. 21	1080. 01	142035. 52
2012	1078. 97	150075. 65	3697. 40	5411. 35	1189. 27	161452. 64
2013	957. 24	147215. 51	4164. 82	5591. 63	1308. 52	159237. 73
2014	818. 97	155933. 37	4569. 64	5794. 09	1619. 98	168736. 05
2015	784. 82	163814. 26	4993. 16	6019. 34	1746. 12	177357. 70
2016	635. 28	176942. 36	5523. 36	6054. 07	1570. 57	190725. 66

资料来源：笔者计算制表。

进一步分析其变化趋势，结果如图 3 -11 和图 3 -12 所示。

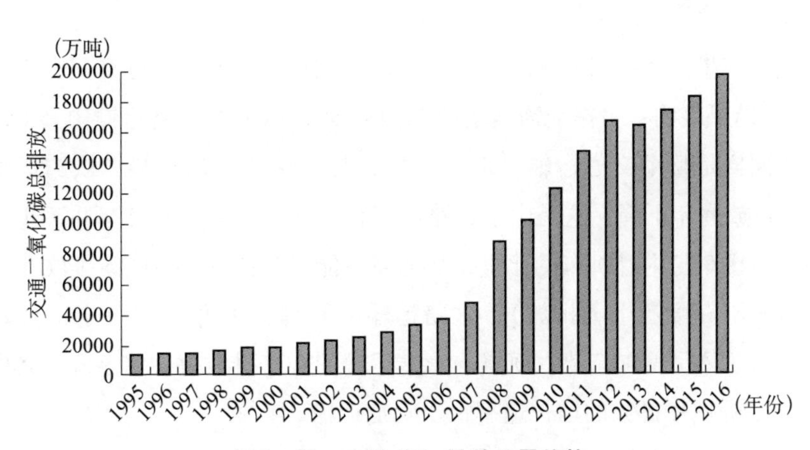

图 3 -11　交通 CO_2 排放总量趋势

资料来源：笔者计算绘制而得。

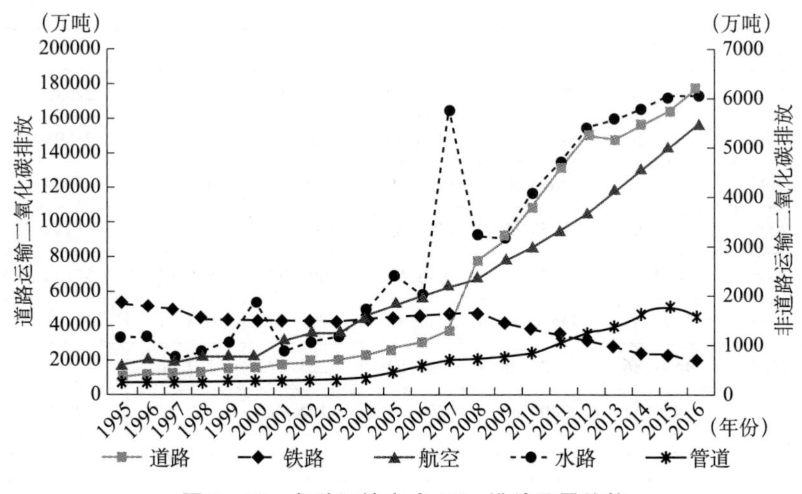

图 3-12　各种运输方式 CO_2 排放总量趋势

资料来源：笔者计算绘制而得。

从全国交通运输的碳排放数据来看（见图 3-11），2008 年前总体较为平稳而且接近其他文献的研究结果，以 2007 年为例，交通二氧化碳排放总量的测算结果为 45781.94 万吨，基本接近于蔡博峰等（2012）测算的中国交通领域二氧化碳排放总量 43628.75 万吨；2008 年后，由于公路货运周转量的同比突增导致交通 CO_2 排放量大幅增加，在一定的程度上使得测算结果偏大。

进一步考察各种运输方式的碳排放占比及其变化趋势（见图 3-12），结果表明：占据交通运输能源消耗 85% 以上的道路运输，其 CO_2 排放同样是整个交通运输排放的主体，且呈快速增加趋势；铁路运输 CO_2 排放逐年下降，这是由于铁路部门有计划地淘汰蒸汽机车并逐步提高电力机车与内燃机车的比重，从而减少能源消耗进而降低碳排放（电力机车不直接产生碳排放）；水路运输 CO_2 排放变化具有一定的波动性，但总体呈增加态势；航空与管道运输的 CO_2 排放也逐年上升，其中航空运输 CO_2 排放的增长速率快于管道运输。

2. 交通运输碳排放占全社会碳排放比重

交通运输的快速发展带来能源消耗和碳排放的相应增长，图 3-13 展

示了中国交通 CO_2 排放量占全社会比重的变化趋势。可以看出，1995 ~ 2016 年，中国 CO_2 排放总量和交通业的 CO_2 排放量增长均较快，但交通碳排放增长速度更为迅猛。1995 年中国交通运输 CO_2 排放量为 1.31 亿吨，2016 年增加至 19.07 亿吨，增长了 13.58 倍，年均增长 13.61%，比同期全社会碳排放增长率高出近十个百分点。从交通运输碳排放占全社会碳排放总量的比重来看，1995 年为 3.41%，此后稳步上升至 2008 年占比超过 10%，2016 年这一比率超过了 15%，远高于当前国内统计口径核算的 5.79%，且交通能源消耗迅猛增长的势态不容置疑，按此趋势发展将给我国能源消费带来极为严峻的挑战。

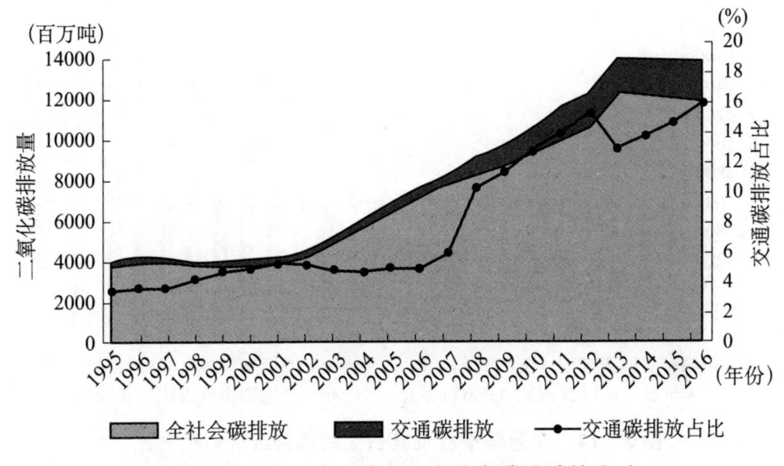

图 3－13　交通碳排放及占全社会碳排放的比重

资料来源：笔者计算绘制而得。

与我国当前统计口径进行对比（见图 3－14），IEA 统计口径测算的交通碳排放增长趋势尤为明显。依据国内现有统计口径，1995 年交通（含交通运输、仓储和邮电业）CO_2 排放量为 1.13 亿吨，2016 年增加至 6.98 亿吨，增长了 5.18 倍；但依据 IEA 统计口径，2016 年交通碳排放量高达 19.07 亿吨，约为前者的 3 倍之多。对比交通碳排放各年的变化趋势，1995 ~ 2007 年两种统计口径的结果相差不大，2008 年后的差距则迅速扩大。结合交通碳排放占全社会碳排放总量的比例来看，国内统计口径的变化较为平稳，但 IEA 统计口径的波动极大，尤其是 2008 年之后，依据 IEA 统计口径测算的交通碳排放则发生突变。这一方面是由于 2008 年后公路货运周转量统计口径的调整，四万亿投资计划，以及网购、物流运输业的快速增长，导致货物运输周转量迅猛增加进而导致交通能耗碳排放的快速增加；另一方面是由于随着私家车拥有量的迅猛增长，国内统计口径由于未统计私家车等非营运车辆的能耗碳排放也导致测算结果明显偏低。可见，目前的交通运输能耗碳排放统计数据严重低估了交通运输的碳排放水平。

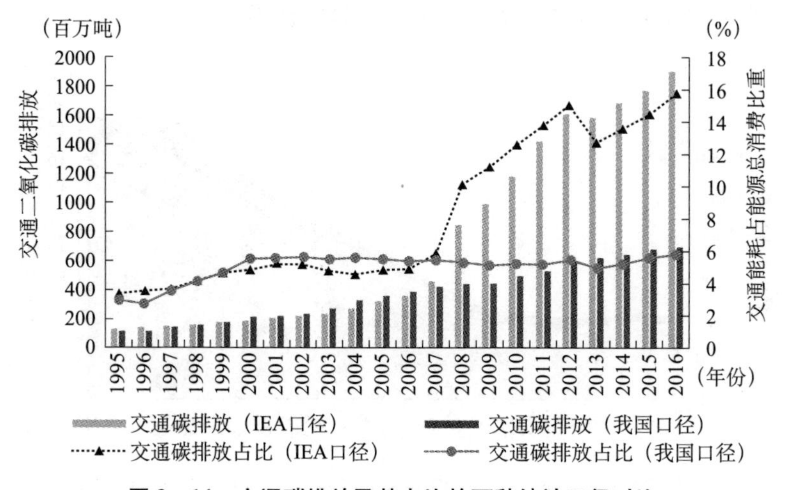

图 3－14　交通碳排放及其占比的两种统计口径对比

资料来源：笔者计算绘制而得。

3.3　我国交通碳排放的驱动因子分解

前文研究表明，我国的交通运输业得到了快速发展，但也导致了能耗消耗碳排放量的急剧增长及环境污染等系列问题，给交通业节能减排和可持续发展带来了前所未有的挑战。尤其是近 20 年来，中国交通运输部门碳排放年均增长率均在 10% 以上，大大高出同期全社会碳排放的年均增长率，已成为能耗增长最快的部门之一，而且还将逐渐成为中国未来能源需求和碳排放增长的主要贡献者。可见，在能源和环境瓶颈制约条件下，如何在保持经济稳定增长的同时发展低碳交通是中国交通业面临的严峻挑战。低碳交通发展亟待探寻交通碳排放快速增长的驱动因素，并施以有针对性的低碳交通发展政策，以实现交通业高速增长与碳减排目标的相融。为此，在交通碳排放测算基础上，进一步运用改进的对数平均 Divisa 指数（LMDI）方法对我国交通碳排放进行因素分解，探析影响交通碳排放的重要社会经济驱动因子及其贡献率，揭示我国低碳交通发展的可能途径及低碳交通政策的着力点。

3.3.1　驱动因子分解的 Kaya 扩展模型

20 世纪 80 年代以来，国内外许多研究人员相继开发了许多模型用以定量分析 CO_2 的排放，同时也为各个国家或地区制定相应的气候政策以及能源政策提供参考依据。众多模型中，Kaya 恒等式无疑是应用最广的几类模型之一，其得名源于 1989 年日本教授茅阳一在 IPCC 的一次研讨会上最先提出。

Kaya 恒等式结构简单，易于操作，已在能源与环境经济领域得到较为广泛的应用。但因为其考察的变量数目有限，所能得到的研究结果基本仅限于 CO_2 排放与能源、经济及人口在宏观上的量化关系。近年来有学者对 Kaya 恒等式进行扩展，将能源消费碳排放分解为能源消费规模、经济产出、能源结构、能源效率及主导产业类型等因素，以便于探究能源消耗及碳排放的驱动因素并取得了良好的成效。但已有研究大多局限于对全社会能源消耗碳排放的因素分解，极少涉及高能耗高碳排放的交通运输行业。对于能源消费的分解，比较常用的是算数平均的 Divisia 指数法（ADMI）和对数平均的 Divisia 指数法（LMDI）。但 AMDI 不能对影响因素进行逆向检验，且一旦数据中有 0 值时便不适用了；LMDI 方法既满足因素可逆，在分解后也不会出现不可解释的余项，克服了用其他方法分解不当的缺点，使模型更具说服力，且公式简单，其两种分解方式（乘法分解和加法分解）可相互转换（周银香，2014）。鉴于此，本书引入能够表征具体行业能源消耗碳排放的特点、结构及能源效率的变量，选用 LMDI 方法将 Kaya 恒等式进行扩展对交通能源消耗碳排放进行因素分解。参考交通部《建设低碳交通运输体系指导意见》要求，交通运输方式包括铁路、道路、航空、水路、管道。由于不同交通方式使用的交通工具不同，其能源消耗水平、能耗强度及由此产生的碳排放量也各异。为此，对 Kaya 恒等式进行扩展，分解交通碳排放的驱动因子如下：

$$CO_2 = \sum_{i=1}^{5} \frac{CO_{2i}}{EN_i} \times \frac{EN_i}{EN} \times \frac{EN}{GTO} \times GTO \tag{3-12}$$

式（3－12）中，CO_2 表示交通碳排放总量；EN 表示交通能源消耗总量；$EN_i(i = 1,2,3,4,5)$ 分别表示铁路、道路、航空、水路、管道的能源消耗量；GTO 表示交通业增加值。将式（3－12）进一步缩写为：

$$CO_2 = \sum_{i=1}^{5} ce_i \times es_i \times eg \times GTO \tag{3-13}$$

式（3－13）中，i＝1，2，3，4，5；分别表示铁路、道路、航空、水路、管道五种运输方式；$ce_i = \frac{CO_{2i}}{EN_i}$表示各种运输方式的单位能源碳排放系数；$es_i = \frac{EN_i}{EN}$为不同交通方式能源消耗量占交通总能耗的比重，即不同交通方式的能源消耗结构；$eg = \frac{EN}{GTO}$为交通业单位增加值的能源消耗强度。

3.3.2 交通碳排放驱动因子的 LMDI 分解

在 Kaya 扩展模型基础上进一步采用昂（Ang，1995）提出的对数平均对数分解法（LMDI）对四种因素的贡献率进行结构分析。LMDI 分解法是一种完全的、不产生残差的分解分析方法，分解结果具有加和及乘积两种形式，且易于相互转换。

设 $Y_i = X_{1i} \times X_{2i} \times, \cdots, \times X_{ni}, Y = \sum_{i=1}^{m} Y_i$ 为被分解指标，其中，i 表示的不同分类，如不同能源类型、不同行业等；X_{ji} 表示 Y_i 的第 j 种影响因素。以 0 为基期，t 为报告期，当 $X_{ji}^t \neq X_{ji}^0$ 时，乘法分解形式为：

$$\Delta D_{Xj} = \exp \sum \frac{(Y_i^t - Y_i^0)/(\ln Y_i^t - \ln Y_i^0)}{(Y^t - Y^0)/(\ln Y^t - \ln Y^0)} \times \ln\left(\frac{X_{ji}^t}{X_{ji}^0}\right)$$

加法分解形式为：

$$\Delta Y_{Xj} = \sum_i \frac{(Y_i^t - Y_i^0)}{(\ln Y^t - \ln Y^0)} \ln\left(\frac{X_{ji}^t}{X_{ji}^0}\right)$$

特别地，当 $X_{ji}^t = X_{ji}^0$ 时，$\ln\left(\frac{X_{ji}^t}{X_{ji}^0}\right)$ 的系数为 X_{ji}^t。

可见，LMDI 法可以非常有效地解决分解中的剩余问题，采用 LMDI 法将交通碳排放量在不同时点的变化表示如下：

$$\Delta C = CO_2^t - CO_2^0 = \Delta C_{ce} + \Delta C_{es} + \Delta C_{eg} + \Delta C_{GTO} \tag{3-14}$$

$$\Delta D = \frac{CO_2^t}{CO_0^t} = \Delta D_{ce} \times \Delta D_{es} \times \Delta D_{eg} \times \Delta D_{GTO} \tag{3-15}$$

式（3－14）将交通 CO_2 排放总量从基期到报告期的变动 ΔC（总效应）用加法分解法分解为四个部分：ΔC_{ce} 表示碳排放系数效应或减排技术效应，即由于各种运输方式的单位能源碳排放系数变化而引起的碳排放量；ΔC_{es} 表示运输方式的能源结构效应，即由于各种运输方式的能源消耗结构变化而引起的碳排放量；ΔC_{eg} 表示能源强度效应或节能技术效应，即由于单位 GTO 能耗强度变化而引起的碳排放量；ΔC_{GTO} 表示交通经济发展效应或交通发展规模效应，即由于交通业经济发展规模变化而引起的碳排放量。各分解因素贡献值的表达式如下：

$$\Delta C_{ce} = \sum_i^5 w_i \times \ln\left(\frac{ce_i^t}{ce_i^0}\right), \quad \Delta C_{es} = \sum_i^5 w_i \times \ln\left(\frac{es_i^t}{es_i^0}\right),$$

$$\Delta C_{eg} = \sum_{i}^{5} w_i \times \ln\left(\frac{eg_i^t}{eg_i^0}\right), \quad \Delta C_{GTO} = \sum_{i}^{5} w_i \times \ln\left(\frac{GTO_i^t}{GTO_i^0}\right) \tag{3-16}$$

式（3-16）中，$w_i = \frac{CO_{2i}^t - CO_{2i}^0}{\ln CO_{2i}^t - \ln CO_{2i}^0}$（i=1，2，3，4，5分别表示铁路、道路、航空、水路、管道五种交通方式）。

式（3-15）则是将交通 CO_2 排放量的变动 ΔD（总效应）用乘法分解法分解为四个部分，ΔD_{ce}、ΔD_{es}、ΔD_{eg} 和 ΔD_{GTO} 表示为各影响因素报告期与基期的比值，但含义与加法分解法的各个因素效应相对应。可见，加法分解法与乘法分解法并无本质区别，从易于理解的角度，选取加法分解形式进行因素分解。

3.3.3 交通碳排放驱动因子分解的实证分析

1. 数据收集及处理

基于数据的可获得性及可行性，对1995~2016年全国交通能源消耗及碳排放进行测算。各种交通工具的能源消耗和碳排放数据见上文的统计测算，碳排放测算与分析所涉及的经济、人口等相关数据均来源于历年《中国统计年鉴》，其中GDP数据均以1978年不变价格折算。

2. 实证结果分析

根据Kaya扩展模型及LMDI的效应分解结果，对全国交通碳排放进行驱动因素分解及其效应分析，结果如表3-11所示。

表3-11　中国交通碳排放驱动效应的LMDI分解结果　单位：万吨

年份	ΔC_{ce}	ΔC_{es}	ΔC_{eg}	ΔC_{GTO}	ΔC
1995~1996	-67.91	-12.58	-10.98	1438.14	1346.67
1996~1997	-14.43	-16.36	-990.14	1279.25	258.32
1997~1998	-56.19	10.81	-160.91	1543.50	1337.20
1998~1999	31.65	11.55	-48.62	1948.88	1943.46
1999~2000	-27.49	24.06	-591.84	1513.49	918.22
2000~2001	1.31	-6.24	197.50	1663.96	1856.54

续表

年份	ΔC_{ce}	ΔC_{es}	ΔC_{eg}	ΔC_{GTO}	ΔC
2001~2002	-27.71	18.43	-112.63	1473.31	1351.41
2002~2003	-55.92	16.66	476.91	1366.43	1804.08
2003~2004	8.09	24.35	-203.05	3445.99	3275.38
2004~2005	-34.61	62.03	1617.41	3130.93	4775.76
2005~2006	-61.62	45.21	569.08	3208.59	3761.27
2006~2007	-49.60	211.27	5416.24	4497.86	10075.76
2007~2008	397.53	643.69	33861.65	4428.34	39331.22
2008~2009	-286.29	111.19	10925.94	3043.17	13794.00
2009~2010	-187.00	119.81	9584.82	9791.14	19308.77
2010~2011	38.41	179.23	11633.97	11967.98	23819.60
2011~2012	-275.32	134.42	10603.84	8954.17	19417.11
2012~2013	-256.04	55.14	-12256.84	10242.84	-2214.90
2013~2014	-451.90	153.05	-519.26	10316.43	9498.31
2014~2015	-414.51	68.79	2090.15	6877.22	8621.65
2015~2016	-359.26	88.54	1908.28	11730.40	13367.96
累计	-668.36	6953.10	60612.00	106212.93	173109.67

资料来源：笔者计算制表。

由表3-11可知，经济发展效应（ΔC_{GTO}）、节能效应（ΔC_{eg}）和能源结构效应（ΔC_{es}）是我国交通部门碳排放的三个主要正向驱动因素，减排技术效应（ΔC_{ce}）为负，但效应最为微弱。1995~2016年，由于碳减排技术的提升，交通碳排放略为下降了668.36万吨，但交通业经济增长、单位GTO能源消耗变化及不同交通运输方式占交通总能耗的比重上升，分别导致碳排放增加了10.62亿吨、6.06亿吨和0.69亿吨，从而导致了交通运输业碳排放总量增加了17.31亿吨。

将各环比效应表示成百分比柱形图，如图3-15所示。

图3-15更为直观地反映了各影响因素的驱动效应，交通业经济发展规模表现为非常显著的正效应，交通节能和减排技术效应均有近一半的年份为负（负效应表示节能减排技术提高导致交通碳排放减少）。从各分解因素对碳排放的累计贡献率情况可知，交通业经济发展规模效应

对我国该阶段交通碳排放的贡献率最大，达到 61.36%，其他各影响因素的贡献率依次为：节能技术效应为 35.01%，运输方式的能源结构效应为 4.02%，减排技术效应为 -0.39%。对各驱动因素的效应具体分析如下：

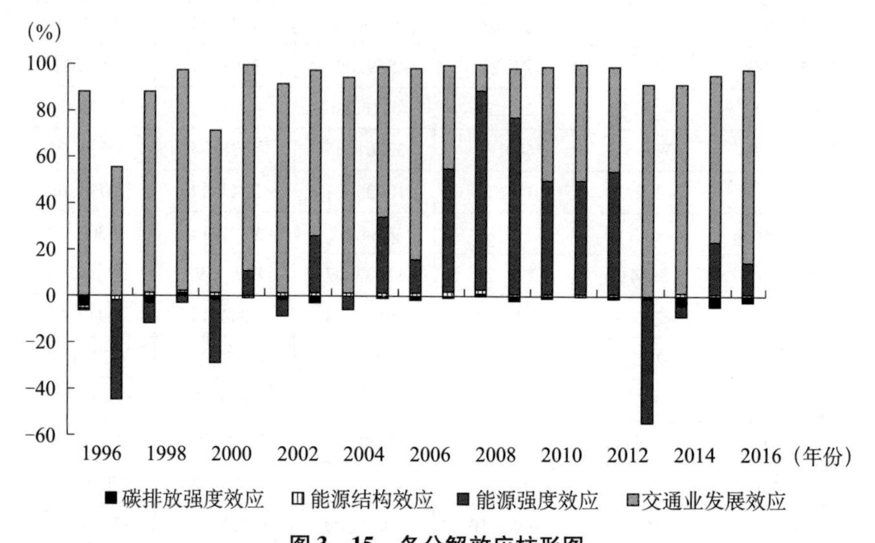

图 3-15　各分解效应柱形图

资料来源：笔者计算绘制而得。

（1）减排技术效应（ΔC_{ce}）。由表 3-11 可看出，20 年间，铁路、道路、航空、水路、管道的能源碳强度效应总体表现为下降的趋势且绝大部分呈现为负，从图 3-15 也看出能源碳减排技术效应的贡献率最小，仅占 0.39%，但却对 CO_2 排放量变动起着负向驱动的作用，是减少碳排放的重要因素。说明使用低耗能的交通工具，淘汰高耗能的交通工具，降低交通工具的能耗强度，能够在一定程度上减少交通部门的 CO_2 排放。

（2）能源结构效应（ΔC_{es}）。1995～2016 年（见表 3-11），不同交通工具的能源结构效应大部分为正值，说明能源结构效应对交通碳排放量具有正向驱动作用，在一定程度上表明当前的运输方式结构及其能源消耗结构不尽合理。由前文（见图 3-3）可知，各种运输方式所消耗的主要能源类型不同，其中能耗占比最高的道路运输主要消耗汽油和柴油等传统化石能源，因此，道路运输的“高占比”及其能源结构的“高碳化”成为交通运输碳排放的促增因素。未来需要通过改善各个交通子行业的消耗结构，大力发展低耗能低排放的运输方式如水路运输、推行“公交优先”的政策、推广新能源汽车等措施来优化整个交通系统的能源结构，以降低整个交通系统的碳排放量，实现“低碳交通”目标。

（3）能源强度效应（ΔC_{eg}）。单位 GTO 能源消耗量及能源强度效应出现正负相间的情况（见表 3－11），说明在这期间能源强度效应不稳定，但是伴随着我国经济的高速发展，交通部门的能源消耗量越来越多，2004～2016 年该效应一直为正（2013 年、2014 年除外），说明该效应导致交通部门的 CO_2 排放量增加。另外从图 3－15 也可以看出，该效应贡献是较大的，达到 35.01%，表明提升交通业节能技术以降低碳排放是低碳交通发展的当务之急。

（4）经济发展效应（ΔC_{GTO}）。交通业经济发展规模的扩大对其碳排放量具有非常显著的促升效应且驱动效应一直为正，这主要是因为经济的快速发展，人们对生活质量会有更高的追求，继而会要求更方便快捷的交通方式，导致私家车和城市客运等的大量增加，进而引起 CO_2 排放量的上升。综合来看，绝大多数年份经济发展效应的贡献均在 50% 以上，整个期间贡献占比高达 60% 以上（见图 3－15），为交通碳排放增加的第一大驱动因素。可见，在目前的经济发展阶段下，如果要大幅削减 CO_2 排放，势必会影响经济发展。因此，中国在碳减排、能源总量控制和经济发展的过程中，势必要平衡经济与生态环境的发展，所以必须加快经济结构调整和发展方式转变，达到减排的目的。

整体来看，交通业的经济规模扩张是导致中国交通碳排放不断增长的根本原因；交通能源消耗强度即节能技术的驱动贡献也较为显著但作用方向并不乐观，大多数年份表现为碳排放的促增效应；运输方式的能源结构效应不强但起到加剧碳排放的作用，其原因与当前不尽合理的运输方式结构及其高碳排的能耗结构有关；能源碳排放技术发挥了一定的碳减排作用，但贡献率极为微弱。可见，如何扩大各种碳减排效应以抵消规模效应的促增效应，是中国交通低碳发展的关键点，但就当前的发展阶段而言，牺牲经济发展的空间较为有限，因此，交通碳减排的政策焦点应集中在调整运输方式结构、提升节能减排技术、引入能源环境税制以控制能源需求并促进清洁替代能源的结构优化等方面。

第4章　交通碳排放动态CGE模型设计与构建

第3章研究表明，控制能源消耗约束性目标、提升节能减排技术水平、引导运输结构减排等政策的实施将是交通碳减排的主要手段，但这些政策的实施必然会影响宏观经济及其他相关部门。构建交通能源消耗碳排放动态CGE模型，可为低碳交通政策分析提供定量的模拟结果，探究各经济变量之间复杂的关联与相互作用，对政策的适度把握具有方向性的理论指导作用。为此，进一步构建CGE模型探究低碳交通发展政策的影响效应。

本章在第3章交通能源消耗碳排放的测算与因素分解基础上，依据瓦尔拉斯一般均衡理论，首先构建了一个由生产模块、收入模块、需求模块、对外贸易模块和均衡条件所构成的标准CGE模型，然后嵌入交通能源消耗碳排放模块，构建了一个涵盖经济、交通和燃料产业、客货运输部门以及居民交通选择行为的动态CGE模型，以探究交通能源消耗碳排放与环境经济的均衡机制。

4.1　交通碳排放CGE模型设计

可计算一般均衡CGE模型通过构建一组方程式，将瓦尔拉斯一般均衡理论的抽象等式具体为可计算的现实经济模型，以描述经济系统中各决策行为者在一系列最优化条件和市场机制作用下达到各市场的均衡。模型基于新古典微观经济学的基本理论，对居民、企业和政府的行为模式进行了优化，明确定义了经济主体的生产和效用函数，建立了产业部门要素所得与市场主体之间的分配关系；同时，基于宏观经济恒等式，建立了市场主体之间的转移分配关系，通过设定相关参数并代入实际经济数据，求解方程组可得到各个市场都达到均衡时的一组数量与价格，以反映多个部门、多个市场之间的相互依赖和相互作用，明确描述经济系统牵一发动全身的整体性。

4.1.1 模型假设

由于现实经济系统是一个庞大的复杂总体，完全模拟与严格的模型分析非常复杂。借助经济模型进行分析，是对现实经济的抽象和简化，通常设定必要的假设而忽略研究中的次要因素。交通能源消耗碳排放 CGE 模型的基本假设如下。

（1）经济运行符合瓦尔拉斯定理。即在一组均衡价格下，所有市场的超额需求等于零。

（2）产品市场和要素市场是完全竞争的，生产函数是关于规模报酬不变的一次齐次函数。生产者是市场价格的接受者，生产函数为线性齐次函数，即投入要素增加 n 倍，相应的产出也增加 n 倍。

（3）在生产、消费和分配等微观层面，依据边际效用理论描述厂商生产行为和居民家庭行为。企业生产活动追求利润最大化或费用极小化原则，居民消费则追求效用最大化原则。

（4）资源、要素具有可替代性。生产主体在资源、要素的制约下，基于价格对资源要素投入进行优化组合，以求达到生产投入费用的最小化。

（5）投入产出表中，各部门之间的投入产出关系在一段时期内固定不变。投入产出表是 CGE 模型的数据基础，但它刻画的是经济系统中各部门之间的静态投入产出关联，但在实际经济中，由于技术进步或生产结构的调整，部门之间的投入产出关系会动态变化，不过这种变化是长期的、渐进的，因此，为分析问题方便，假设部门间的投入产出关系固定。

4.1.2　模型框架

交通碳排放动态 CGE 模型的构建基本思路是：第一，确定居民、政府、企业和国外机构四个行为决策主体及劳动、资本、能源及非能源等投入要素；第二，设定各决策主体的行为规则或约束条件，并选择适宜的函数构建模块方程体系，特别是将居民部门的消费模块按照交通消费与非交通消费、能源消费与非能源一般商品消费等进行细化；第三，确定模型中的变量（内生变量与外生变量）和参数，定义模型的宏观闭合和均衡条件；第四，编制模型的数据库，包括宏观社会核算矩阵（SAM）和交通能源消耗碳排放微观 SAM 表；第五，对参数进行标定，选择合适的方法对模型进行求解和检验；第六，嵌入低碳交通政策，进行仿真模拟和分析。

参考孙林（2011），将模型的基本结构以及要素、产品、能源消耗碳排放、低碳交通政策与经济主体间的主要关系描述如图 4 –1 所示。

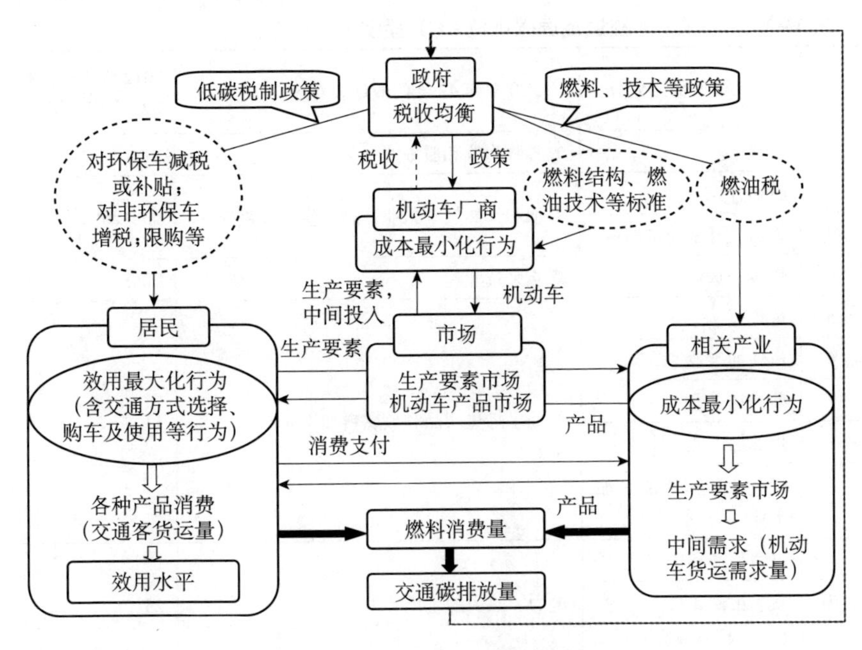

图 4 –1　动态 CGE 模型框架

资料来源：孙林（2011）。

4.2 部门划分

使用 CGE 模型框架来研究政策变化对宏观经济及产业部门的影响，需要建立在部门细分的基础上。一般地，部门的划分应与研究目的或政策重点相一致，并具有相应的数据支持（Pyatt & Thorbecke，1976）。鉴于 CGE 模型中所使用的基础数据一般来自投入产出表（IO），比较方便的分类办法是参照 IO 表中的部门分类。依据 2012 年投入产出表，结合《国民经济行业分类》（GB/T 4754—2017）、《中国能源统计年鉴》的行业分类，参考张树伟（2007）、郭正权（2011）以及索莱曼等（2015）等部门划分，将产业部门划分为 29 个部门，各部门划分与 2012 年 IO 表的对比情况如表 4－1 所示。

表 4－1　　交通能源碳排放 CGE 模型的部门划分

序号	CGE 模型部门划分	2012 年 42 部门 I/O 表对应的部门	2012 年 42 部门 I/O 表部门编号
1	农业	农林牧渔业和服务业	01
2	石油开采业	石油和天然气开采业、燃气生产和供应	03、26
3	天然气开采与供应业		
4	煤炭采选业	煤炭采选业	02
5	炼焦业	石油、炼焦产品和核燃料加工业	11
6	汽油加工业		
7	柴油加工业		
8	煤油加工业		
9	燃料油及其他油品加工业		
10	电力生产和供应业	电力、热力的生产和供应业	25
	热力生产和供应业（归入其他制造业）		
11	金属采矿业	金属矿采选业	04

续表

序号	CGE 模型部门划分	2012 年 42 部门 I/O 表对应的部门	2012 年 42 部门 I/O 表部门编号
12	非金属采矿业	非金属矿和其他矿采选业	05
13	食品和烟草加工业	食品和烟草	06
14	纺织、木材和造纸业	纺织业、纺织服装鞋帽皮革羽绒及其制品业、木材加工品和家具、造纸印刷和文教体育用品业	07 ~ 10
15	化学工业	化学工业	12
16	非金属矿物制品业	非金属矿物制品业	13
17	金属冶炼制品业	金属冶炼和压延加工业 金属制品业	14、15
18	汽车整车制造业	交通运输设备	18
19	汽车零部件及配件加工业		
20	其他交通运输设备制造业		
21	其他制造业	通用设备、专用设备、电气机械和器材、通信设备、计算机和其他电子设备、仪器仪表、其他制造产品、废品废料、金属制品、机械和设备修理服务、水的生产和供应	16 ~ 17、19 ~ 24、27
22	建筑业	建筑	28
23	铁路运输业	交通运输、仓储和邮政	30
24	道路运输业		
25	航空运输业		
26	水路运输		
27	其他运输业（不含水运）		
28	批零贸易及住宿餐饮业	批发和零售、住宿和餐饮	29、31
29	其他服务业	信息传输、软件和信息技术服务，金融，房地产，租赁和商务服务，科学研究和技术服务，水利、环境和公共设施管理，居民服务、修理和其他服务，教育、卫生和社会工作，文化、体育和娱乐，公共管理、社会保障和社会组织	32 ~ 42

注：根据中国 2012 年 42 部门和 139 部门投入产出表进行划分，为了便于 CGE 模型“消费需求模块”的居民家庭能源需求统计，对第 3 ~ 5 能源部门分类的序号作了调整。

模型的部门划分以中国 2012 年 42 部门和 139 部门投入产出表为基础，除了对 42 部门 IO 表进行了部门的合并，根据研究需要，还将交通运输及能源部门进行了分解，具体如下：

（1）42 部门 IO 表中“石油加工、炼焦及核燃料加工业”在一个部门，根据 139 部门投入产出表分解为“炼焦业”和“石油及核燃料加工业”；然后，根据研究需要，进一步将“石油及核燃料加工业”细分为汽油、柴油、煤油、燃料油及其他油品加工业。

（2）42 部门 IO 表中“交通运输设备”“交通运输、仓储和邮政”为独立的两个部门，依据 139 部门投入产出表，将前者拆分为“汽车整车制造业”“汽车零部件及配件加工业”和“其他交通运输设备制造业”；后者细分为“铁路运输业”“道路运输业”“航空运输业”“水路运输业”和“其他运输业”。

（3）“石油和天然气开采业”在 42 部门和 139 部门投入产出表中均未分开，根据石油和天然气开采占一次能源生产量的比例分解为“石油开采业”和“天然气开采业”，其中“天然气开采业”和“燃气生产和供应”进一步合并为“天然气开采与供应业”。

（4）“电力、热力的生产和供应业”在 42 部门和 139 部门投入产出表中也均未分开，依据《中国统计年鉴》《中国能源统计年鉴》分行业能源消费量及其占比关系，拆分为“电力生产和供应业”和“热力生产和供应业”，其中“热力生产和供应业”并入其他制造业。

可见，交通能源碳排放 CGE 模型的部门划分特别强调与细化对汽车产业、交通运输方式以及能源部门的描述，表 4－1 中的矿物能源行业分别对应的化石能源关系如表 4－2 所示。

表 4－2　　　　能源部门与能源的对应关系

能源部门	化石能源
石油开采业	原油
炼焦业	焦炭
煤炭采选业	煤炭

续表

能源部门	化石能源
天然气开采与供应业	天然气
石油和核燃料加工业	成品油（汽油、煤油、柴油、燃料油及其他油品）
电力生产和供应业	电力

资料来源：笔者参考《中国能源统计年鉴》整理而得。

4.3　交通碳排放动态 CGE 模型构建

仅从模型框架结构来看，一个标准的开放经济 CGE 模型的基本结构大体相近，至少包括以下五个方面的描述。第一，模型中的经济主体，包括从事产品生产的产业部门、居民家庭部门、政府部门及国外部门等；第二，经济主体的理性决策行为，如产业部门遵循费用最小化和利润最大化原则进行生产活动，居民部门在可支配收入的约束下依据效用最大化原则进行消费活动，政府部门的税收收入经过转移支付后形成可支配收入，也可能追求消费支出的效用最大化。第三，进口产品和国内产品之间的替代关系基于阿明顿假设，并遵循投入最小化原则，根据国内需求总量与需求价格、国内市场与进口市场的均衡价格，决定国内产品和进口产品的需求量。第四，一系列均衡价格，包括商品价格、要素报酬、汇率等。第五，市场均衡，包括国内产品市场、进出口商品市场、劳动力市场、资本市场和外汇市场等通过价格调整实现供求关系的均衡。

交通能源碳排放动态 CGE 模型是在标准 CGE 模型的基础上进行扩展，重点考虑交通运输部门的化石能源消费及二氧化碳排放、居民的交通消费行为选择以及与汽车有关的制造业等部门的生产活动，通过能源和碳排放模块将低碳交通政策引入标准模型中，使交通行业的二氧化碳减排与经济系统的相互作用得以全面刻画。模型主要设置生产模块、收入分配与储蓄模块、消费模块、对外贸易模块、能源与碳排放模块、福利模块、市场均衡与宏观闭合模块以及动态链接共八大模块。

模型中的变量和参数命名方式采用规范化统一的表述，如内生变量由大写字母表示，外生变量或控制变量采用带横杠的大写字母表示，参数采用小写字母或希腊字母表示（规模系数除外，以 A 表示）。

4.3.1 生产模块

CGE 模型中的生产模块是对所有生产过程的抽象，综合了经济系统中各个生产者投入与产出的整个流程。投入既包括生产要素投入也包括中间投入，生产者依据要素价格与既定的生产水平线，确定要素投入与中间投入的组成以实现生产成本的最小化原则。本章构建的交通能源碳排放 CGE 模型中，强化了中间投入的化石能源消耗，投入中包含了多种要素与中间投入，因此模型的生产活动采取了多层嵌套模式。实际经济中，劳动、资本与能源投入要素之间存在不同的替代弹性关系，两种要素的先后组合关系，哪种组合方式更为合理需要论证。根据黄英娜等（2003）的研究结论，资本劳动与能源的嵌套或资本能源与劳动的嵌套方式更符合经济学意义的判断。选择资本劳动与能源嵌套，并进一步与非能源中间投入进行二级嵌套的组合方式，具体如图 4－2 所示。

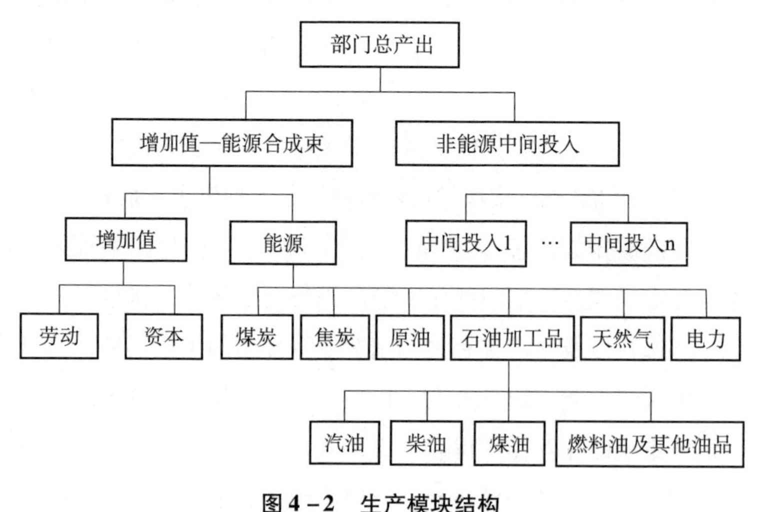

图 4－2 生产模块结构

资料来源：笔者整理绘制而得。

由图 4－2 可见，在生产模块中，将生产函数划分为三层套嵌：第一层，增加值—能源合成束与非能源中间投入，合成部门总产出；第二层，能源与增加值，合成增加值—能源合成束；第三层，煤炭、焦炭、原油、汽油、柴油、煤油、燃料油及其他油品（为了便于列示，将汽油、柴油、煤油、燃料油及其他油品合成石油加工品，但在嵌套模型中不另作表示）、天然气和电力，合成能源投入；同时，劳动与资本投入合成增加值。在模型多层次嵌套关系中，原则上每一层次的合成投入量由下一层次决定，本层次的投入量与合成投入价格在本层次决定。从图中可知，生产活动的功能是在成本与效率最优化的基础上，将投入的生产要素与中间投入进行技术组合，以生产出符合市场需求的部门产出，因此生产函数是此模块的核心关系式。

依据 CGE 模型的生产技术理论，生产函数有柯布—道格拉斯函数、列昂惕夫函数及常替代弹性系数函数等形式。如各种不同的生产投入中间存在互相替代关系，可选择 C－D 函数（生产技术的替代弹性为 1）或 CES 函数描述，但在某种特定状态中，投入要素之间相互的替代弹性为零时，则通常以列昂惕夫函数表示。鉴于 CES 函数描述的生产技术具有较好的灵活性，更能表现实体经济中的多样性特征，因此采用 CES 函数表示生产活动行为，模型假定各生产部门各自产出一种类型的产品，不同部门生产函数的差异在于 CES 函数替代弹性值的不同，但考虑非能源中间投入彼此不能相互替代，非能源中间投入束以简单的列昂惕夫组合表示。

根据图 4－2，为得到部门的总产出，需要采用四阶段 CES 函数进行描述，整个过程的生产活动遵循投入成本最小化规划目标。

1. 第一层：部门总产出的 CES 生产组合函数

$$\begin{cases} \min\limits_{QVAE_a, QINTA_a} (PVAE_a \times QVAE_a + PINTA_a \times QINTA_a) \\ s.t.\ QA_a = A_{Qa} \times [\alpha_{VEa} \times QVAE_a^{\rho_{Qa}} + (1 - \alpha_{VEa}) \times QINTA_a^{\rho_{Qa}}]^{\frac{1}{\rho_{Qa}}} \end{cases}$$

拉格朗日函数：

$$\min L = PVAE_a \times QVAE_a + PINTA_a \times QINTA_a - \lambda \times [A_{Qa} \times (\alpha_{VEa} \times QVAE_a^{\rho_{Qa}} + (1-\alpha_{VEa}) \times QINTA_a^{\rho_{Qa}})^{\frac{1}{\rho_{Qa}}} - QA_a]$$

投入最小化的一阶条件：

$$PVAE_a - \lambda \times A_{Qa} \times [\alpha_{VEa} \times QVAE_a^{\rho_{Qa}} + (1-\alpha_{VEa}) \times QINTA_a^{\rho_{Qa}}]^{\frac{1}{\rho_{Qa}}-1} \times \alpha_{VEa} \times QVAE_a^{\rho_{Qa}-1} = 0$$

$$PINTA_a - \lambda \times A_{Qa} \times [\alpha_{VEa} \times QVAE_a^{\rho_{Qa}} + (1-\alpha_{VEa}) \times QINTA_a^{\rho_{Qa}}]^{\frac{1}{\rho_{Qa}}-1} \times (1-\alpha_{VEa}) \times QINTA_a^{\rho_{Qa}-1} = 0$$

$$A_{Qa} \times [\alpha_{VEa} \times QVAE_a^{\rho_{Qa}} + (1-\alpha_{VEa}) \times QINTA_a^{\rho_{Qa}}]^{\frac{1}{\rho_{Qa}}} - QA_a = 0$$

λ 为拉格朗日乘数，进一步整理可得部门生产活动的 CES 生产函数和最优要素投入比例如下：

$$QA_a = A_{Qa} \times [\alpha_{VEa} \times QVAE_a^{\rho_{Qa}} + (1-\alpha_{VEa}) \times QINTA_a^{\rho_{Qa}}]^{\frac{1}{\rho_{Qa}}} \quad (4-1)$$

$$\frac{QVAE_a}{QINTA_a} = \left(\frac{\alpha_{VEa} \times PINTA_a}{(1-\alpha_{VEa}) \times PVAE_a}\right)^{\sigma_{Qa}} \quad (4-2)$$

生产活动的价格（或成本）为：

$$PA_a = A_{Qa}^{-1} \times [\alpha_{VEa}^{\sigma_{Qa}} \times PVAE_a^{-\rho_{Qa} \times \sigma_{Qa}} + (1-\alpha_{VEa})^{\sigma_{Qa}} \times PINTA_a^{-\rho_{Qa} \times \sigma_{Qa}}]^{\frac{-1}{\rho_{Qa} \times \sigma_{Qa}}} \quad (4-3)$$

σ_{Qa} 为增加值—能源合成束与非能源中间投入之间的替代弹性系数，$\sigma_{Qa} = \frac{1}{1-\rho_{Qa}}$，$a \in A$ 为按部门划分的生产活动。

2. 第二层：增加值—能源合成束、非能源中间投入的合成

（1）增加值—能源的合成。

$$\begin{cases} \min\limits_{QVA_a, QEN_a} (PVA_a \times QVA_a + PEN_a \times QEN_a) \\ \text{s. t. } QVAE_a = A_{VEa} \times [\alpha_{Va} \times QVA_a^{\rho_{VEa}} + (1-\alpha_{Va}) \times QEN_a^{\rho_{VEa}}]^{\frac{1}{\rho_{VEa}}} \end{cases}$$

利用拉格朗日函数，可得增加值—能源合成束的 CES 生产函数及要素最优投入比例关系：

$$QVAE_a = A_{VEa} \times [\alpha_{Va} \times QVA_a^{\rho_{VEa}} + (1-\alpha_{Va}) \times QEN_a^{\rho_{VEa}}]^{\frac{1}{\rho_{VEa}}} \quad (4-4)$$

$$\frac{QVA_a}{QEN_a}=\left(\frac{\alpha_{Va}\times PEN_a}{(1-\alpha_{Va})\times PVA_a}\right)^{\sigma_{VEa}} \tag{4-5}$$

增加值—能源的合成价格：

$$PVAE_a=A_{VEa}^{-1}\times[\alpha_{Va}^{\sigma_{VEa}}\times PVA_a^{-\rho_{VEa}\times\sigma_{VEa}}+(1-\alpha_{Va})^{\sigma_{VEa}}\times PEN_a^{-\rho_{VEa}\times\sigma_{VEa}}]^{\frac{-1}{\rho_{VEa}\times\sigma_{VEa}}} \tag{4-6}$$

σ_{VEa}为增加值—能源之间的替代弹性系数，$\sigma_{VEa}=\frac{1}{1-\rho_{VEa}}$。

（2）非能源中间投入函数与价格。非能源中间投入总需求按照列昂惕夫生产函数进行汇总：

$$QINT_{ca}=ica_{ca}\times QINTA_a \quad c\neq 2,3,\cdots,10 \tag{4-7}$$

$$PINTA_a=\sum_c ica_{ca}\times PQ_c \quad c\neq 2,3,\cdots,10 \tag{4-8}$$

$c\in C$ 为商品种类，中间投入价格为产品的国内需求合成价格。

3. 第三层：增加值、能源的合成

（1）增加值的合成。劳动与资本需求组合投入形成最初投入，即各部门的增加值。

$$\begin{cases}\min\limits_{QLD_a,QKD_a}(WL\times QLD_a+WK\times QKD_a)\\ s.t.\ QVA_a=A_{Va}\times[\alpha_{La}\times QLD_a^{\rho_{Va}}+(1-\alpha_{La})\times QKD_a^{\rho_{Va}}]^{\frac{1}{\rho_{Va}}}\end{cases}$$

增加值的 CES 生产函数及劳动、资本两要素的最优投入比例关系：

$$QVA_a=A_{Va}\times[\alpha_{La}\times QLD_a^{\rho_{Va}}+(1-\alpha_{La})\times QKD_a^{\rho_{Va}}]^{\frac{1}{\rho_{Va}}} \tag{4-9}$$

$$\frac{QLD_a}{QKD_a}=\left(\frac{\alpha_{La}\times WK}{(1-\alpha_{La})\times WL}\right)^{\sigma_{Va}} \tag{4-10}$$

劳动—资本合成初级要素的合成价格：

$$PVA_a=A_{Va}^{-1}\times[\alpha_{La}^{\sigma_{Va}}\times WL^{-\rho_{Va}\times\sigma_{Va}}+(1-\alpha_{La})^{\sigma_{Va}}\times WK^{-\rho_{Va}\times\sigma_{Va}}]^{\frac{-1}{\rho_{Va}\times\sigma_{Va}}} \tag{4-11}$$

σ_{Va}为劳动与资本要素之间的替代弹性系数，$\sigma_{Va}=\frac{1}{1-\rho_{Va}}$。

（2）能源束的合成。模型区分了煤炭、焦炭、原油、天然气、汽油、煤油、柴油、燃料油及其他油品、电力 9 种能源，能源之间的替代关系由 CES 函数描述。

$$\begin{cases}\min\limits_{QEN_{ai}}(PEN_{ai} \times QEN_{ai}) \\ s.t.\ QEN_a = A_{Ea} \times \sum\limits_{i=2}^{10}(\delta_{Eai} \times QEN_{ai}^{\rho_{Ea}})^{\frac{1}{\rho_{Ea}}}\end{cases}$$

根据投入费用最小化原则，可得各种能源需求函数及能源需求的合成价格：

$$QEN_a = A_{Ea} \times \sum_{i=2}^{10}(\delta_{Eai} \times QEN_{ai}^{\rho_{Ea}})^{\frac{1}{\rho_{Ea}}} \quad (4-12)$$

$$QEN_{ai} = A_{Ea}^{\rho_{Ea} \times \sigma_{Ea}} \times \left(\frac{\delta_{Eai} \times PEN_a}{PEN_{ai}}\right)^{\sigma_{Ea}} \times QEN_a \quad (4-13)$$

$$PEN_a = A_{Ea}^{-1} \times \left(\sum_{i=2}^{10}\delta_{Eai} \times PEN_{ai}^{-\rho_{Ea} \times \sigma_{Ea}}\right)^{\frac{-1}{\rho_{Ea} \times \sigma_{Ea}}} \quad (4-14)$$

δ_{Eai}为各种能源的份额系数，$\sum\limits_{i=2}^{10}\delta_{Eai} = 1$；$\sigma_{Ea}$ 为各种能源之间的替代弹性系数，$\sigma_{Ea} = \frac{1}{1-\rho_{Ea}}$；$PEN_{ai}$为各种能源的价格。①

国内生产活动产出 QA 到商品 QX 的映射（假定各部门只生产与本部门生产活动相关的唯一商品）：

$$QA_a = \sum_c sax_{ac} \times QX_c \quad (4-15)$$

$$PX_c = \sum_a sax_{ac} \times PA_a \quad (4-16)$$

生产模块函数的变量和参数说明如表 4－3 和表 4－4 所示。

表 4－3　　生产模块函数的变量与参数说明

变量名称	变量含义	参数名称	参数含义
QA_a	各部门的产出	PA_a	各部门生产活动的价格
$QVAE_a$	各部门增加值—能源的合成投入量	$PVAE_a$	各部门增加值—能源的合成价格
$QINTA_a$	各部门非能源中间投入量	$PINTA_a$	各部门非能源中间投入的合成价格

① 式中 2、10 表示 9 种能源在模型中的部门排序为 2 至 10（见表 4－1）。

续表

变量名称	变量含义	参数名称	参数含义
QLD_a	各部门劳动投入量	WL	劳动价格
QKD_a	各部门资本投入量	WK	资本价格
QVA_a	各部门劳动—资本合成的初级要素投入量	PVA_a	各部门劳动—资本初级要素的合成价格
QEN_a	各部门能源合成束的投入量	PEN_a	各部门能源需求的合成价格
QEN_{ai}	各部门各种能源的投入量	PEN_{ai}	各部门各种能源的投入价格
QX_c	本国生产的商品量	PX_c	本国生产的商品价格
$QINT_{ca}$	各部门非能源中间投入矩阵		

资料来源：笔者整理制表。

表 4 - 4　　生产模块函数的参数说明

参数	参数定义
A_{Qa}	部门产出 CES 函数的规模系数
A_{VEa}	增加值—能源合成束 CES 函数的规模系数
A_{Va}	劳动—资本合成束 CES 函数的规模系数
A_{Ea}	能源合成束 CES 函数的规模系数
σ_{Qa}	增加值—能源合成束与非能源中间投入之间的替代弹性系数
σ_{VEa}	增加值—能源之间的替代弹性系数
σ_{Va}	劳动与资本要素之间的替代弹性系数
σ_{Ea}	各种能源之间的替代弹性系数
ρ_{Qa}	增加值—能源合成束与非能源中间投入之间的替代弹性相关系数
ρ_{VEa}	增加值—能源之间的替代弹性相关系数
ρ_{Va}	劳动与资本要素之间的替代弹性相关系数
ρ_{Ea}	各种能源之间的替代弹性相关系数
α_{VEa}	增加值—能源合成束投入的份额参数
α_{Va}	初级要素投入的份额参数
α_{La}	劳动投入的份额参数
δ_{Eai}	各种能源投入的份额参数
ica_{ca}	投入产出系数矩阵
sax_{ac}	对角线数值全部为 1 的单位阵，为了把 QA 转换为 QX

资料来源：笔者整理制表。

4.3.2　收入分配与储蓄模块

生产环节形成收入的初次分配，即劳动报酬、要素所得和政府的间接税收入。居民所获劳动与资本收入、政府和企业转移性收入以及国外投资收益即为居民总收入，扣除所得税后形成居民可支配收入；企业收入由资本投资收益和政府转移支付组成；政府在生产环节征收生产间接税、对居民和企业所得征收所得税、在进出口环节征收关税、在消费环节征收消费税等，具体的收入分配流程如图 4－3 所示。

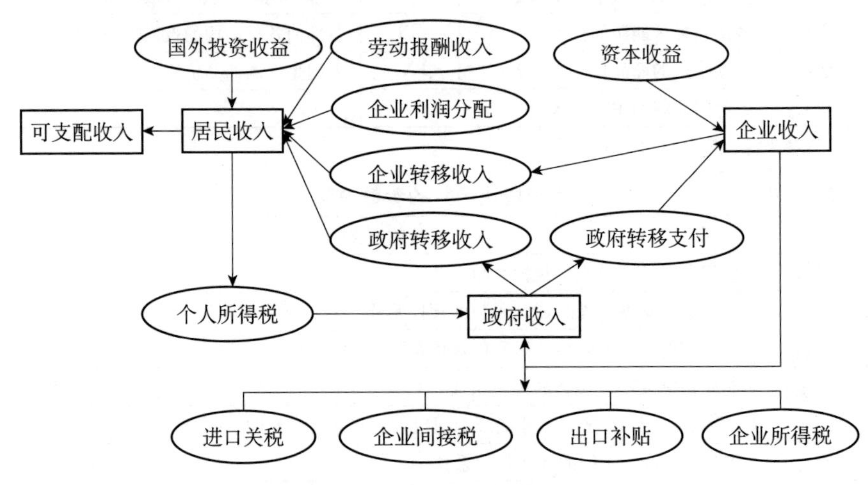

图 4－3　收入分配模块结构

资料来源：笔者整理绘制而得。

各经济主体收入形成的方程描述如下。

1. 居民收入

居民总收入：

$$THY = \sum_{a} WL \times QLD_a + \sum_{a} shif_{hk} \times WK \times QKD_a + transfr_{hg} + transfr_{he} + FRI \quad (4-17)$$

居民可支配收入：

$$HY = (1 - \overline{ty_h}) \times THY \quad (4-18)$$

2. 企业（税前）收入

$$EY = \sum_{a} shif_{ek} \times WK \times QKS_a + transfr_{eg} \quad (4-19)$$

3. 政府收入

$$GY = \overline{ty_h} \times THY + \overline{ty_e} \times EY + \sum_a \overline{td_a} \times PA_a \times QA_a + \sum_c tm_c \times pwm_c \times QM_c \times EXR - \sum_c te_c \times pwe_c \times QE_c \times EXR \tag{4-20}$$

可见，居民家庭、企业和政府的收入除了要素与资本收入以外，还包括相互之间的转移支付，尤其是政府对居民家庭和企业部门的转移支付。居民可支配收入用于家庭消费支出，剩余部分形成居民储蓄；政府收入形成后，主要用于对居民的转移和国防、行政管理、教育、卫生保健等方面的政府消费支出，剩余部分形成政府储蓄；企业收入形成后，主要用于生产活动的中间投入，剩余部分形成企业储蓄。三大经济主体的消费需求加上出口需求即为商品总需求，各部门的储蓄加上来自国外的储蓄即为总储蓄。同时，各部门的储蓄进一步转化为本期投资，并形成下期新增资本存量，即总投资由总储蓄驱动，进而满足商品总需求的再生产需要，具体流程如图4-4所示。

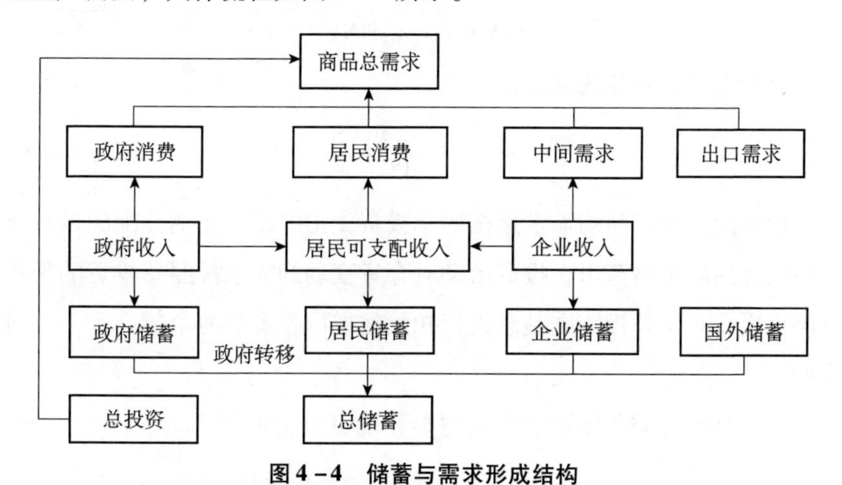

图4-4　储蓄与需求形成结构

资料来源：笔者整理绘制而得。

各部门的储蓄及社会总储蓄形成方程描述如下：

居民储蓄：

$$HS = s_h \times HY \tag{4-21}$$

政府储蓄：

$$GS = s_g \times GY \tag{4-22}$$

企业储蓄：

$$ES = s_e \times (1 - \overline{ty}_e) \times EY \tag{4-23}$$

总储蓄：

$$TSAV = HS + GS + ES + FS \times EXR \tag{4-24}$$

基于储蓄驱动的总投资、投资活动对商品和存货的需求量以及对国外投资方程描述如下：

全社会总投资需求：

$$TINV = \sum_c PQ_c \times (INV_c + SC_c) + INVF \tag{4-25}$$

投资活动对商品的需求量：

$$INV_c = \frac{\alpha_c \times TINV}{PQ_c} \tag{4-26}$$

投资活动对存货变动的需求：

$$INVS = ivs \times TINV \tag{4-27}$$

存货变动对商品的需求量：

$$SC_c = \frac{\alpha_{sc} \times INVS}{PQ_c} \tag{4-28}$$

投资活动对商品的需求量按照总投资支出的结构比例分配的投资支出除以商品的价格算出，投资活动对存货变动的需求按照总投资的份额比例算出，对国外投资则是总投资扣除在本国投资后的余额，是一个价值指标。

收入分配与储蓄模块的变量与参数说明如表 4－5 所示。

表 4－5　　收入分配与储蓄模块的变量与参数说明

变量名称	变量含义	参数名称	参数含义
THY	居民总收入	$transfr_{hg}$	政府对居民的转移支付
HY	居民可支配收入	$transfr_{he}$	企业对居民的转移支付
HS	居民储蓄	$transfr_{eg}$	政府对企业的转移支付

续表

变量名称	变量含义	参数名称	参数含义
GY	政府收入	$shif_{hk}$	资本收入分配给居民的份额
GS	政府储蓄	$shif_{ek}$	资本收入分配给企业的份额
EY	企业收入	$\overline{ty_h}$	居民所得税税率
ES	企业储蓄	$\overline{ty_e}$	企业所得税税率
FS	国外储蓄	$\overline{td_a}$	生产税税率
TSAV	国内总储蓄	tm_c	进口税率
TINV	总投资	te_c	出口退税率
INV_c	投资活动对商品的需求量	s_h	居民的边际储蓄倾向
INVS	投资活动对存货的需求	s_g	政府的边际储蓄倾向
SC_c	存货变动对商品的需求量	s_e	企业的边际储蓄倾向
INVF	对国外投资	α_c	投资的商品需求结构系数
FRI	国外投资收益	α_{sc}	存货变动的商品需求结构系数
QM_c	进口商品量	ivs	全部投资中对存货投资的比例
QE_c	出口商品量	pwm_c	进口品的国际市场价格
PQ_c	商品价格	pwe_c	出口品的国际市场价格
EXR	汇率		

资料来源：笔者整理制表。

4.3.3 消费需求模块

CGE模型中的总需求包括居民家庭消费、政府消费、中间投入需求、投资需求及国外需求五部分。其中，中间投入与投资需求分别在生产模块、收入分配与储蓄模块得以体现，国外需求则由对外贸易模块进行描述。因此，在本模块中主要对政府与居民家庭的消费需求进行描述。由于本模型主要是从生产投入、居民家庭消费行为选择等角度研究交通能源与环境相关问题，因此，政府消费需求结构比较简化，居民家庭消费需求则按照交通与非交通消费、能源商品与一般商品消费等类别进行细化描述。

1. 政府消费需求

政府消费需求采用相对简单的C-D效用函数进行描述：

$$\begin{cases} \max U = A_c \times \prod_c GC_c^{\alpha_{gc}} \\ s.t.\ GY = \sum_c PQ_c \times GC_c \end{cases} \tag{4-29}$$

A_c 为 C-D 效用函数的规模系数，α_{gc} 为政府部门最终商品需求的比例。利用拉格朗日函数可求得政府总消费支出的马歇尔需求函数：

$$GC_c = \frac{\alpha_{gc} \times GY}{PQ_c} \tag{4-30}$$

2. 居民消费需求

居民家庭消费需求部分是由居民的可支配收入转变为对各类商品的需求，考虑到低碳交通政策的实施会引起化石能源及交通消费价格的变化，使得消费者在能源商品与一般商品、交通与非交通以及不同交通出行方式需求之间进行替代，因此模型中居民消费需求模块采取多层次嵌套的 CES 效用函数形式，具体如图 4-5 所示。

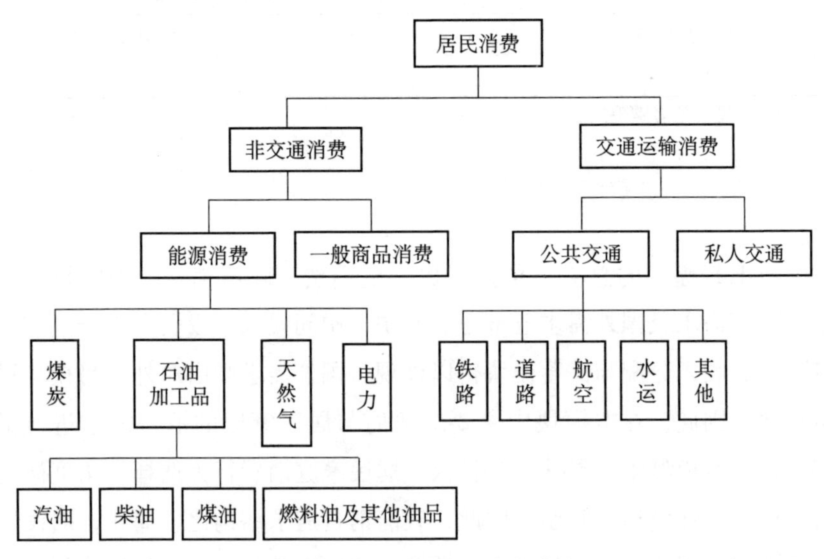

图 4-5 居民消费需求结构嵌套

资料来源：笔者整理绘制而得。

由图 4-5 可知，居民家庭消费支出采取了三层嵌套（汽油、柴油、煤油、燃料油及其他油品仅作为石油加工品的构成列示，在嵌套模型中不另作描述）的形式，在收入制约和效用最大化的前提下依次决定一般商品、能源商品和交通运输服务的消费支出，各类消费支出的效用函数采用马歇尔需求方程。

（1）第一层：交通消费与非交通消费行为。

这一层主要将居民家庭消费行为区分为交通消费与非交通消费行为，采用CES效用函数，将效用度量系数设置为1，则直接效用函数与制约条件如下：

$$\begin{cases}\max\limits_{T,NT} U_C = \left(\alpha_T^{\frac{1}{\sigma_C}} \times T^{\rho_C} + (1-\alpha_T)^{\frac{1}{\sigma_C}} \times NT^{\rho_C}\right)^{\frac{1}{\rho_C}} \\ s.t.\ P_T \times T + P_{NT} \times NT = HC\end{cases} \tag{4-31}$$

效用最大化拉格朗日函数：

$$\max L = \left(\alpha_T^{\frac{1}{\sigma_C}} \times T^{\rho_C} + (1-\alpha_T)^{\frac{1}{\sigma_C}} \times NT^{\rho_C}\right)^{\frac{1}{\rho_C}} + \lambda \times (HC - P_T \times T - P_{NT} \times NT)$$

效用最大化的一阶条件：

$$\frac{\partial L}{\partial T} = \frac{\partial L}{\partial NT} = \frac{\partial L}{\partial \lambda} = 0$$

由此可得交通消费、非交通消费的需求函数：

$$T = \frac{\alpha_T \times HC}{P_T^{\sigma_C} \times (\alpha_T \times P_T^{1-\sigma_C} + (1-\alpha_T) \times P_{NT}^{1-\sigma_C})} \tag{4-32}$$

$$NT = \frac{(1-\alpha_T) \times HC}{P_{NT}^{\sigma_C} \times (\alpha_T \times P_T^{1-\sigma_C} + (1-\alpha_T) \times P_{NT}^{1-\sigma_C})} \tag{4-33}$$

（2）第二层：交通运输消费、非交通消费的合成。

第一，交通运输消费的合成：居民家庭的交通运输消费在私人交通（自驾）与公共交通服务之间进行理性选择。

$$\begin{cases}\max\limits_{A,NA} U_T = \left(\alpha_A^{\frac{1}{\sigma_T}} \times T_A^{\rho_T} + (1-\alpha_A^{\frac{1}{\sigma_T}}) \times T_{NT}^{\rho_T}\right)^{\frac{1}{\rho_T}} \\ s.t.\ P_A \times T_A + P_{NA} \times T_{NA} = HC_T\end{cases} \tag{4-34}$$

居民家庭在预算约束条件下，追求效用最大化，利用拉格朗日函数可得私人交通、公共交通的需求函数及交通运输消费的合成价格：

$$T_A = \frac{\alpha_A \times HC_T}{P_A^{\sigma_T} \times (\alpha_A \times P_A^{1-\sigma_T} + (1-\alpha_A) \times P_{NA}^{1-\sigma_T})} \tag{4-35}$$

$$T_{NA} = \frac{(1-\alpha_A) \times HC_T}{P_{NA}^{\sigma_T} \times (\alpha_A \times P_A^{1-\sigma_T} + (1-\alpha_A) \times P_{NA}^{1-\sigma_T})} \tag{4-36}$$

$$P_T = [\alpha_A \times P_A^{1-\sigma_T} + (1-\alpha_A) \times P_{NA}^{1-\sigma_T}]^{\frac{1}{1-\sigma_T}} \tag{4-37}$$

第二，非交通消费的合成：居民家庭的燃料消费与一般商品消费合成非交通消费，效用最大化与预算约束如下：

$$\begin{cases} \max\limits_{F,CO} U_{NT} = \left(\alpha_F^{\frac{1}{\sigma_{NT}}} \times Q_F^{\rho_{NT}} + (1-\alpha_F^{\frac{1}{\sigma_{NT}}}) \times CO^{\rho_{NT}}\right)^{\frac{1}{\rho_{NT}}} \\ s.t.\ P_F \times Q_F + P_{CO} \times CO = HC_{NT} \end{cases} \tag{4-38}$$

利用拉格朗日函数可得居民家庭的燃料消费、一般商品消费的需求函数及非交通消费的合成价格：

$$Q_F = \frac{\alpha_F \times HC_{NT}}{P_F^{\sigma_{NT}} \times (\alpha_F \times P_F^{1-\sigma_{NT}} + (1-\alpha_F) \times P_{CO}^{1-\sigma_{NT}})} \tag{4-39}$$

$$CO = \frac{(1-\alpha_F) \times HC_{NT}}{P_{CO}^{\sigma_{NT}} \times (\alpha_F \times P_F^{1-\sigma_{NT}} + (1-\alpha_F) \times P_{CO}^{1-\sigma_{NT}})} \tag{4-40}$$

$$P_{NT} = [\alpha_F \times P_F^{1-\sigma_{NT}} + (1-\alpha_F) \times P_{CO}^{1-\sigma_{NT}}]^{\frac{1}{1-\sigma_{NT}}} \tag{4-41}$$

（3）第三层：一般商品消费、燃料消费、公共交通运输消费的合成。

第一，一般商品的合成：不同商品之间不考虑相互替代关系，按照 C-D 函数进行合成，各种商品的消费预算、需求函数及一般商品的合成价格如下：

$$\sum_i P_{COi} \times CO_i = HC_O \quad (i \neq 2,3,\cdots,10,T) \tag{4-42}$$

$$CO_i = \frac{\beta_{COi} \times HC_O}{P_{COi}} \tag{4-43}$$

第二，居民燃料消费的合成：居民家庭消费中的燃料消费主要用于采暖、热水供应、厨房、照明、家用电器及私家车出行等方面，包括汽油、煤油、柴油、燃料油及其他油品、天然气、电力以及煤炭等能源

（燃料）产品，其中汽油、煤油、柴油、燃料油及其他油品等燃油消费主要用于交通运输消费。假定各种燃料产品之间满足常替代弹性关系，采用 CES 函数刻画它们之间的替代关系，并复合成居民家庭的能源消费束。各种能源的需求函数、价格及复合能源消费价格如下：

$$\sum_{i=4}^{10} P_{Fi} \times Q_{Fi} = HC_F \tag{4-44}$$

$$Q_{Fi} = \frac{\beta_{Fi} \times HC_F}{P_{Fi}^{\sigma_F} \times \sum_i (\beta_{Fi} \times P_{Fi}^{1-\sigma_F})} \tag{4-45}$$

$$P_F = \sum_{i=4}^{10} (\beta_{Fi} \times P_{Fi}^{1-\sigma_F})^{\frac{1}{1-\sigma_F}} \tag{4-46}$$

第三，公共交通运输方式的选择：除了私家车出行之外，居民在铁路、道路、航空、城市公交及其他运输方式之间进行选择。

$$\sum_{i=23}^{27} P_{NAi} \times T_{NAi} = HC_{NA} \tag{4-47}$$

$$T_{NAi} = \frac{\beta_{Ti} \times HC_{NA}}{P_{NAi}^{\sigma_{NA}} \times \sum_{i=23}^{27} (\beta_{Ti} \times P_{NAi}^{1-\sigma_{NA}})} \tag{4-48}$$

$$P_{NA} = \sum_{i=23}^{27} (\beta_{Ti} \times P_{NAi}^{1-\sigma_{NA}})^{\frac{1}{1-\sigma_{NA}}} \tag{4-49}$$

消费需求模块的变量与参数说明如表 4－6 所示。

表 4－6　消费需求模块的变量与参数说明

变量名称	变量含义	参数名称	参数含义
GC_c	政府部门对商品 c 的消费量	α_{gc}	政府对商品 c 的需求比例
T	交通消费需求	α_T	交通消费的比例参数
NT	非交通消费需求	α_A	私人交通消费支出比例参数
T_A	私人交通消费需求	α_F	居民家庭燃料消费比例参数
T_{NA}	公共交通消费需求	β_{COi}	一般消费品比例参数
T_{NAi}	各种公共交通的出行需求	β_{Fi}	各种燃料占比参数
Q_F	居民家庭燃料合成需求	β_{Ti}	各种公共交通方式占比参数
Q_{Fi}	居民家庭燃料需求	σ_C	消费支出替代弹性
CO	一般消费品的合成需求	σ_T	私人交通与公共交通替代弹性

续表

变量名称	变量含义	参数名称	参数含义
CO_i	一般商品消费需求	σ_{NT}	燃料与一般商品替代弹性
P_T	交通消费合成价格	σ_F	各种燃料之间的替代弹性
P_{NT}	非交通消费合成价格	σ_{NA}	各种公共交通方式的替代弹性
P_A	私家车消费价格	ρ_C	消费支出替代弹性相关系数
P_{NA}	公共交通消费合成价格	ρ_T	私人交通与公共交通替代弹性相关系数
P_{NAi}	各种公共交通的消费价格	ρ_{NT}	燃料与一般商品替代弹性相关系数
P_F	居民燃料消费合成价格	ρ_F	各种燃料之间的替代弹性相关系数
P_{Fi}	居民燃料消费价格	ρ_{NA}	各种公共交通方式的替代弹性相关系数
P_{CO}	一般消费品合成价格	A_c	C－D效用函数的规模系数
P_{COi}	一般商品消费价格		
HC	居民总消费支出		
HC_T	交通消费支出		
HC_{NT}	非交通消费支出		
HC_O	一般商品消费支出		
HC_F	居民家庭燃料消费支出		
HC_{NA}	公共交通消费支出		

资料来源：笔者整理制表。

4.3.4 对外贸易模块

将各产业部门生产活动投入最优化过程的总产出，根据销售最大化原则，转换为国内市场和国际市场的商品供给，国内市场和国际市场的供给转换关系由CET函数进行描述。同时，各部门的消费需求由国内产品需求与进口产品需求合成，依据投入最小化原则、国内产品需求与进口产品需求之间的不完全替代关系，基于阿明顿假设由CES函数描述，具体流通过程（或具体关系）如图4－6所示。

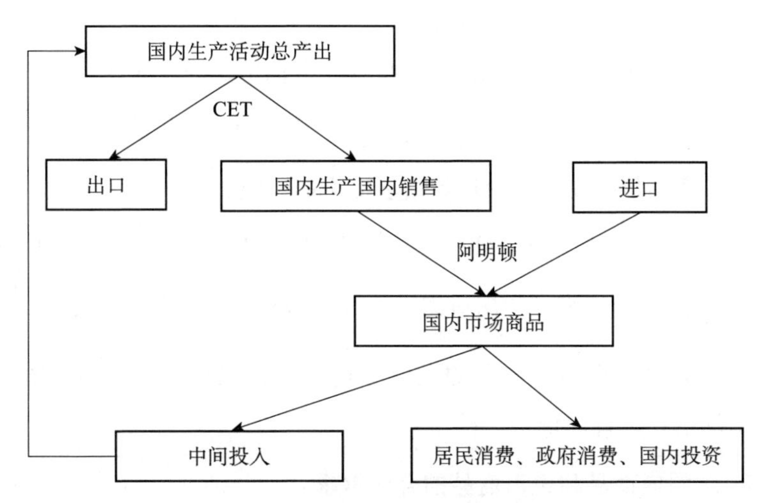

图 4-6　国内产品分配与需求

资料来源：笔者整理绘制而得。

1. 产出在国内市场和国际市场之间的转换

国内产出的商品在国内销售和出口中的分配关系，受国内市场价格和国际市场价格的相对水平影响。它们之间的关系犹如一个凸集形状的生产可能性边界，由 CET 函数进行描述。在本模型中，采用国际经济学中的“小国假设”，即本国的进出口变动不足以影响世界市场的供给，使得世界市场有显著变动。

CET 函数的最优化数学表达与生产投入的描述类同，但参数 ρ 必须大于 1，这样才会产生外凸的生产可能性边界，其优化手续如下：

$$\begin{cases} \min\limits_{QD_c, QE_c} (PD_c \times QD_c + PE_c \times QE_c) \\ \text{s. t. } QX_c = A_{Tc} \times [\alpha_{TDc} \times QD_c^{\rho_{Tc}} + (1 - \alpha_{TDc}) \times QE_c^{\rho_{Tc}}]^{\frac{1}{\rho_{Tc}}} \end{cases}$$

依据最优化的一阶条件，可得国内消费需求与出口需求的 CET 函数及最优分配比例关系：

$$QX_c = A_{Tc} \times [\alpha_{TDc} \times QD_c^{\rho_{Tc}} + (1 - \alpha_{TDc}) \times QE_c^{\rho_{Tc}}]^{\frac{1}{\rho_{Tc}}} \tag{4-50}$$

$$\frac{QD_c}{QE_c} = \left(\frac{\alpha_{TDc} \times PE_c}{(1 - \alpha_{TDc}) \times PD_c}\right)^{\sigma_{Tc}} \tag{4-51}$$

本国生产商品的总供给价格：

$$PX_c = A_{Tc}^{-1} \times [\alpha_{TDc}^{\sigma_{Tc}} \times PD_c^{-\rho_{Tc} \times \sigma_{Tc}} + (1-\alpha_{TDc})^{\sigma_{Tc}} \times PE_c^{-\rho_{Tc} \times \sigma_{Tc}}]^{\frac{-1}{\rho_{Tc} \times \sigma_{Tc}}} \quad (4-52)$$

出口商品价格受国际市场价格和汇率的影响：

$$PE_c = pwe_c \times (1 - te_c) \times EXR \quad (4-53)$$

σ_{Tc}为国内消费需求与出口需求之间的替代弹性系数，$\sigma_{Tc} = \frac{1}{1-\rho_{Tc}}$；$pwe_c$是用外币表示的出口品的国际市场价格，依据小国假设，国际市场平均价格外生且固定。

2. 对国内商品和进口商品的合成需求

在 CGE 模型中，商品的总需求一般假设由国内生产国内供给和进口量构成。本模型基于假设，认为国内生产国内供给的商品与进口商品之间可以相互替代，但为不完全替代关系。同时，假设进口商品的国际市场价格外生固定，中国处于价格接受者的地位，在此价格下，进口供给由国内市场需求和贸易平衡状况所决定，即采用小国假设。国内市场上供应的商品除居民和政府的最终需求外，还包括企业生产活动的中间投入需求，各机构主体的消费行为是在国内商品和进口品之间进行优化组合，以实现成本最小化。具体函数描述如下：

$$\begin{cases} \min\limits_{QD_c, QM_c} (PD_c \times QD_c + PE_c \times QM_c) \\ s.t.\ QQ_c = A_{Qc} \times [\alpha_{Dc} \times QD_c^{\rho_{Qc}} + (1-\alpha_{Dc}) \times QM_c^{\rho_{Qc}}]^{\frac{1}{\rho_{Qc}}} \end{cases}$$

依据成本最优化的一阶条件，可得国内市场的商品需求与进口商品需求的 CES 函数及最优组合的比例关系：

$$QQ_c = A_{Qc} \times [\alpha_{Dc} \times QD_c^{\rho_{Qc}} + (1-\alpha_{Dc}) \times QM_c^{\rho_{Qc}}]^{\frac{1}{\rho_{Qc}}} \quad (4-54)$$

$$\frac{QD_c}{QM_c} = \left(\frac{\alpha_{Dc} \times PM_c}{(1-\alpha_{Dc}) \times PD_c}\right)^{\sigma_{Qc}} \quad (4-55)$$

国内市场商品需求的合成价格：

$$PQ_c = A_{Qc}^{-1} \times [\alpha_{Dc}^{\sigma_{Qc}} \times PD_c^{-\rho_{Qc} \times \sigma_{Qc}} + (1-\alpha_{Dc})^{\sigma_{Qc}}$$

$$\times PM_c^{-\rho_{Qc}\times\sigma_{Qc}}]^{\frac{-1}{\rho_{Qc}\times\sigma_{Qc}}} \quad (4-56)$$

进口商品价格受国际市场价格和汇率的影响：

$$PM_c = pwm_c \times (1 + tm_c) \times EXR \quad (4-57)$$

σ_{Qc}为国内消费需求与出口需求之间的替代弹性系数，$\sigma_{Qc}=\frac{1}{1-\rho_{Qc}}$；$pwm_c$是用外币表示的进口品的国际市场价格。对外贸易模块的变量与参数说明见表4－7。

表4－7　对外贸易模块的变量与参数说明

变量名称	变量含义	参数名称	参数含义
QX_c	国内生产的商品量	α_{TDc}	CET函数的份额系数
QD_c	国内生产国内销售的商品量	α_{Dc}	Armington函数的份额系数
QE_c	出口商品量	σ_{Tc}	CET函数的替代弹性系数
QM_c	进口商品量	σ_{Qc}	Armington函数的替代弹性系数
QQ_c	国内市场的商品供应量	tm_c	进口税率
PX_c	本国生产的商品价格	te_c	出口税率
PD_c	国内生产国内销售的商品价格	A_{Tc}	CET函数的规模系数
PE_c	出口商品的价格	A_{Qc}	Armington函数的规模系数
PM_c	进口商品的价格		
PQ_c	国内市场商品的合成价格		
EXR	汇率		
pwm_c	进口品的国际市场价格		
pwe_c	出口品的国际市场价格		

资料来源：笔者整理制表。

4.3.5　市场均衡与宏观闭合模块

均衡模块为模型的市场出清模块，按照瓦尔拉斯定律，可计算一般均衡CGE模型的所有市场必须出清，即达到供需平衡状态。本模型的市场类型主要包括商品市场、要素市场、外汇市场和资本市场，从达成市场均衡的技术性角度来说，实现市场供需均衡的手法有价格调整型（价格内生）和数量调整型（价格外生）两种类型。价格调整型是通过价格的变化，实现商品或要素市场的供需平衡，当市场出清时得到均衡价格；数量调整型则是在价格外生的情况下，通过调整商品或要素的供给或需求量，以实现市场的均衡，当市场出清时得到均衡供需量。至于选择价格调整型还是数量调整型，需要根据模型构建的目的与描述的对象灵活决定。一般地，构建税收政策 CGE 模型时，大多数研究通常选用价格调整型平衡手法，即采用新古典主义宏观闭合方式（马成，2013）。在本模型中，考虑当前经济与交通业快速稳定发展的特点，采用新古典主义宏观闭合方式，其特征是所有要素和商品价格具有完全弹性的特征，由模型内生决定，市场的供需均衡通过要素和商品的价格调整实现，即选择价格调整型手法。

1. 商品市场均衡

本模型中，商品需求包括居民家庭和政府的最终消费需求、中间投入需求及投资需求等，市场的供需均衡通过价格调整（价格内生）来实现。

$$QQ_c = \sum_a QINT_{ca} + HC_c + GC_c + INV_c + SC_c \qquad (4-58)$$

式（4-58）中，中间投入需求包括能源中间投入需求和非能源中间投入需求。

2. 要素市场均衡

劳动力市场存在两种假设，一种假设工资具有刚性，为外生变量，在经济政策的冲击下，劳动力市场不能充分调整，不一定能实现充分就业；另一种假设工资为内生变量，受经济政策冲击后，通过工资的充分调整实现劳动力市场的出清。资本市场也同样存在两种假设，一种假设认为，资本价格为外生变量，受经济政策的冲击后难以在各部门之间实现自由流动；另一种假设资本价格为内生变量，受政策冲击后，资本价格发生变化，企业调整资本存量以实现资本的充分利用。在本模型中，采用新古典主义宏观闭合方式，认为劳动工资和资本价格内生，而劳动和资本的供应量外生，劳动力市场实现充分就业，资本市场实现资本的充分利用。

$$QLD_a = LS_a \tag{4-59}$$

$$QKD_a = KS_a \tag{4-60}$$

$$LS = \sum_a QLD_a \tag{4-61}$$

$$KS = \sum_a QKD_a \tag{4-62}$$

3. 对外贸易平衡

对外贸易平衡（国际收支平衡）可以在固定汇率下（汇率外生），选择国外储蓄内生，通过经常收支的数量调整实现外汇供给与需求之间的均衡（或实现国际收支平衡）；也可以在自由变动汇率下（汇率内生），选择国外储蓄为外生变量，通过汇率的变化来实现外汇供给与需求之间的均衡（或实现国际收支平衡）。本模型中选择汇率外生固定，国外储蓄为内生变量的闭合规则。

$$\sum_c pwm_c \times EXR \times QM_c = \sum_c pwe_c \times EXR \times QE_c + transfr_{hg} + FS \times EXR \tag{4-63}$$

4. 储蓄投资平衡

本模型中，投资由储蓄驱动，即储蓄投资闭合采用新古典闭合规则，总投资与总储蓄的平衡关系由利率调节实现。

$$TINV = s_h \times HY + s_g \times GY + s_e \times (1 - \overline{ty_K}) \times EY + FS \times EXR + WALRAS \tag{4-64}$$

WALRAS 为瓦尔拉斯虚拟变量，为使得方程数量与变量数量相等，使模型能够求解，当获得均衡解时，WALRAS 变量应等于 0。

5. 名义 GDP 与实际 GDP

生产法、收入法及支出法计算的名义 GDP 三面等值恒等式：

$$GDP1 = \sum_a PA_a \times QA_a - \sum_a \sum_c PQ_c \times QINT_{ca} \tag{4-65}$$

$$GDP2 = WL \times LS + WK \times KS + \sum_a \overline{td}_a \times PA_a \times QA_a \tag{4-66}$$

$$GDP3 = \sum_c PQ_c \times (HC_c + GC_c + INV_c + SC_c) + \sum_c PE_c \times QE_c - \sum_c (1 + tm_c) \times PM_c \times QM_c \quad (4-67)$$

以上三个等式不是模型条件，可以放在模型外计算，用以检验模型是否达到均衡。在一般均衡状态下，三种方法计算的 GDP 应该完全等值，否则说明模型未达到一般均衡状态。

实际 GDP 与 GDP 价格缩减指数：

$$RGDP = \sum_c (HC_c + GC_c + INV_c + SC_c) + \sum_c QE_c - \sum_c QM_c \quad (4-68)$$

$$PGDP = \frac{GDP}{RGDP} \quad (4-69)$$

均衡模块的变量与参数说明如表 4-8 所示。

表 4-8　均衡模块的变量与参数说明

变量名称	变量含义	参数名称	参数含义
LS_a	各部门的劳动供给量	GDP1	生产法名义 GDP
KS_a	各部门的资本供给量	GDP2	收入法名义 GDP
LS	劳动供给量	GDP3	支出法名义 GDP
KS	资本供给量	RGDP	实际 GDP
GC_c	政府部门对商品 c 的消费量	PGDP	GDP 价格缩减指数
HC_c	居民部门对商品 c 的消费量	WALRAS	瓦尔拉斯虚拟变量

资料来源：笔者整理制表。

4.3.6　能源消耗碳排放模块

交通能源消耗碳排放 CGE 模型中，主要分析低碳交通政策的实施对能源消耗碳排放及宏观经济的影响，除了在模型的能源需求部门嵌入政策之外，还需要计算能源消耗和碳排放量。本模型依据“谁消费，谁排放，谁负担”的原则，从需求面对各部门的化石能源消耗实施调控政策。从化石能源的消费需求来看，二氧化碳排放的来源主要包括两方面，一是产业部门在生产过程中的化石能源中间投入需求所排放的二氧化碳；二是居民最终消费所排放的二氧化碳。产业部门的能源中间投入包括所有化石能源，居民部门的能耗则对应煤炭、原油、汽油、柴油、煤油、燃料油及其他油品、天然气及电力等化石能源。各部门能源消耗的碳排放量：

$$CO_{2a} = \sum_{i=2}^{10} QEN_{ai} \times \gamma_i \quad (\text{产业部门}) \tag{4-70}$$

$$CO_{2h} = \sum_{i=4}^{9} Q_{Fi} \times \gamma_i \quad (\text{居民部门}) \tag{4-71}$$

二氧化碳排放总量：

$$TCO_2 = \sum_a CO_{2a} + CO_{2h} \tag{4-72}$$

γ_i 为第i种化石能源的二氧化碳排放系数，计算方法参考式（3-11）。碳排放模块的变量与参数说明见表4-9。

表4-9 碳排放模块的变量与参数说明

变量名称	变量含义	参数名称	参数含义
CO_{2a}	产业部门的 CO_2 排放量	γ_i	各种能源的 CO_2 排放系数
CO_{2H}	居民部门的 CO_2 排放量		
TCO_2	CO_2 排放总量		

资料来源：笔者整理制表。

4.3.7 社会福利模块

衡量公共政策对社会福利的影响有许多不同的福利指标，较常用的是用希克斯（Hichsian）等价变化（equivalent variation，EV）或补偿变化（compensating variation，CV）来测度公共政策变动对消费者效用的变化影响。等价变化EV用于测算一项特定的效用变动引起的按基期价格计算的支出变化量，表示在价格不变的情况下，消费者为达到新的效用水平所需增加的收入量；补偿变动CV是指在价格发生变化之后，为了恢复消费者原有的效用水平，需要补偿的消费支出金额。设 U_0、U_1

为两个均衡时期的效用水平，PQ_0、PQ_1 分别为两个时期的价格水平，对于政策变化导致的效用水平变动有两种选择：

$$CV = E(U_1, PQ_1) - E(U_0, PQ_1) \tag{4-73}$$

$$EV = E(U_1, PQ_0) - E(U_0, PQ_0) \tag{4-74}$$

为了衡量低碳交通政策变化对社会福利效应的实际变化情况（剔除价格水平的影响），采用希克斯等价变动 EV，测度政策实施前后消费者效用水平的变化，即：

$$EV = E(U_1, PQ_0) - E(U_0, PQ_0) = \sum_c PQ_{c0} \times HC_{c1} - \sum_c PQ_{c0} \times HC_{c0} \tag{4-75}$$

依据式（4－75）计算希克斯等价变动 EV，当 EV 为正时，表明政策实施后居民的社会福利得到改善；反之，则表明政策的实施损害了居民的福利。社会福利模块的变量说明见表 4－10。

表 4－10　社会福利模块的变量说明

变量名称	变量含义
EV	居民福利的希克斯等价变动
CV	居民福利的希克斯补偿变动
PQ_0	政策实施前的价格水平
PQ_1	政策实施后的价格水平
HC_{c0}	政策实施前居民对商品 c 的消费需求量
HC_{c1}	政策实施后居民对商品 c 的消费需求量
$E(U_0, PQ_1)$	政策实施前的效用水平，以政策实施后的价格计算
$E(U_1, PQ_1)$	政策实施后的效用水平，以政策实施后的价格计算
$E(U_0, PQ_0)$	政策实施前的效用水平，以政策实施前的价格计算
$E(U_1, PQ_0)$	政策实施后的效用水平，以政策实施前的价格计算

资料来源：笔者整理制表。

4.3.8　动态链接

静态 CGE 模型的分析视角仅聚焦于当期，无法模拟政策变化带来的动态累计效应。实现 CGE 模型动态化的机制有跨期动态和递归动态，跨期动态模型对于经济整体的稳态和数据要求较高，在经济体的实际运行中较难实现；而递归动态模型在一个给定的模拟时期，具有与静态模型一致的结构，易于直接扩展且对建模的数据要求也不太高。基于以上特点，本模型采用递归动态机制实现 CGE 模型的动态链接，主要通过劳动力增长与资本积累的动态期间变化来描述。

1. 劳动力增长

生产函数中的部门劳动力投入，一般使用投入产出表的“劳动者报酬”除以行业社会平均工资水平，再利用社会总劳动力数量进行校准调整，以得到部门的劳动力数量。本章在模型动态化过程中，参考马成（2013）、潘浩然（2016）等研究，沿用简单化的方法，仅通过外生给定劳动力增长率为 5%，来确定劳动力的递归增长：

$$LS_{t+1} = LS_t \times (1 + g_l) \tag{4-76}$$

LS_t 和 LS_{t+1} 分别为 t 期和 t + 1 期期初劳动力数量，g_l 为劳动力增长率。

2. 资本积累

要刻画资本的增长首先需要明确基期的资本存量。对于资本存量的测算及度量历来是经济研究中颇具争议的问题之一，至于行业资本存量的测算则更难。目前关于行业资本存量的测算，主要有两种思路：一种是利用永续盘存法（perpetual inventory method，PIM），根据本期末的总资本存量进行折旧，加上本期新增投资，形成下期初的总资本存量，然后再根据各产业的资本回报率将总资本存量在各产业之间进行分配，但这种方法的基年社会总资本存量较难确定；另一种是先估算行业的资本折旧率，然后利用投入产出表中已有的行业资本折旧量除以资本的折旧率，来推算各行业基期的资本存量。这种方法的资本折旧量数据源于 IO 表，只需要估算行业资本折旧率，相对较为简单。本章采用后一种方法，得到基期的行业资本存量之后，利用永续盘存法逐期推算后续各期的资本存量。

$$KS_{a,t+1} = (1 - \delta_a) \times KS_{a,t} + I_{a,t} \tag{4-77}$$

$KS_{a,t}$、$KS_{a,t+1}$为各行业第 t 期和 t+1 期的期初资本存量；δ_a 为各行业的资本折旧率，参考薛俊波和王铮（2007）、范巧（2012）、梁伟（2013）等对于已有文献的相关研究成果，设定各行业折旧率均值如表 4-11 所示，动态链接模块的变量与参数说明见表 4-12。

表 4-11　　各行业折旧率

行业	折旧率均值（%）	行业	折旧率均值（%）
农业	8.42	纺织、木材和造纸业	12.1
石油开采业	12.5	化学工业	10.61
天然气开采与供应业	12.5	汽车整车制造业	12.1
煤炭采选业	12.5	汽车零部件及配件加工业	12.1
炼焦业	12.5	其他交通运输设备制造业	12.1
石油及核燃料加工业	12.5	其他制造业	12.1
电力生产和供应业	5.45	建筑业	13.9
金属采选冶炼制品业	9.8	交通运输业	5.42
非金属采选冶炼制品业	9.8	批零贸易及住宿餐饮业	7.91
食品和烟草加工业	11.82	其他服务业	3.25

资料来源：笔者整理制表。

表 4-12　　动态链接模块的变量与参数说明

变量名称	变量含义	参数名称	参数含义
LS_t	第 t 期初的劳动力数量	g_l	劳动力增长率
LS_{t+1}	第 t+1 期初的劳动力数量	δ_a	a 行业的资本折旧率
$KS_{a,t}$	a 行业第 t 期初资本存量		
$KS_{a,t+1}$	a 行业第 t+1 期初资本存量		
$I_{a,t}$	a 行业第 t 期新增投资		

资料来源：笔者整理制表。

第 5 章 CGE 模型的数据基础与参数标定

要实现一般均衡模型的可计算性，须构建相应的数据库并对模型中的外生变量和参数赋予初值。CGE 模型的原理来自一般均衡理论，而其结构和基准数据集却基于社会核算矩阵（social accounting matrix），通常也简称为 SAM 表。SAM 表能明确刻画各经济主体、生产与消费行为以及要素与商品市场间的相互关联，在某种程度上是一般均衡理论的一种现实体现，是经济系统处于一般均衡状态的全面展示，能为 CGE 模型提供一个具有全面性、一致性和均衡性的数据库，是参数赋值与模型仿真模拟的先决条件。

5.1 社会核算矩阵编制

社会核算矩阵（SAM）是在投入产出表的基础上，结合国民收入、住户收入和支出等资料，增加居民、政府、国外等机构账户扩展而成的矩阵式核算表（Chowdhury & Kirkpatrick，1994）。SAM 表比 IO 表功能更强大，不仅反映了部门之间的投入产出联系、增加值形成和最终支出的详细关系，而且反映了国民经济初次分配与再分配、储蓄与投资等关系，其着重点从关注生产过程扩大到各机构部门之间的相互关联、相互影响和彼此的反馈等，非常适用于 CGE 模型的政策模拟分析。

5.1.1 SAM 的基本原理

社会核算矩阵是将社会经济系统的各个组成部分以及它们之间的相互关联同时展现在一张纵横交错的矩阵式表格内，从而对经济体在一定时期的社会经济状态作出全景式的描述。SAM 是一个行数和列数相等且平衡、对应的方形矩阵，其中行和列都代表一个国民核算账户，相同的行和列代表同一账户，矩阵中的元素数值代表各账户的交易量。这些账户依次是活动、商品、要素、机构、积累以及国外账户，每一个账户又可细分为各产业部门、各种商品、劳动和资源要素、居民和政府、储蓄投资、进出口等项目。表 5－1 是 SAM 一种简单但较为经典的格式。

表 5－1　　社会核算矩阵的结构

项目	活动	商品	要素	机构	投资	国外	总收入
活动		本国产品供给					总产出
商品	中间投入			消费	投资	出口	国内总需求
要素	增值						要素总收入
机构	间接税	销售税 进口税	要素收入 要素税			来自国外的转移支付	机构总收入
储蓄				储蓄		国外净储蓄	总储蓄
国外		进口			国外净投资		国外支出
总支出	总投入	国内总供给	要素支出	机构消费支出	总投资	国外收入	

资料来源：范金等（2010）。

表 5－1 包含了 7 个账户，第 1、2 个账户是“活动”和“商品”账户，反映国内全部生产活动的投入、产出以及国内市场的商品供给与需求；第 3 个账户是要素账户，展示要素投入与收益分配；第 4 个账户

表示机构部门的收入、支出与剩余收入的储蓄情况；第5个账户显示固定资本形成和储蓄来源；第6个账户反映对外经济联系，包括商品的进出口、国际转移收支及国外净投资；最后一个账户是汇总账户。账户行方向记录收入，列方向记录支出，同一账户的行和与列和之间存在平衡关系，各种生产活动的总产出等于总投入，各种商品的总需求等于总供给，各类机构账户的总支出等于总收入，总投资等于总储蓄，即：

$$\sum_{i} X_{ik} = \sum_{j} X_{kj}, \quad i,j = 1,2,\cdots,n \tag{5-1}$$

5.1.2 宏观SAM的编制

本模型的SAM表编制分为两个过程，首先以2012年中国投入产出表为主要依据，结合宏观经济数据，沿用“自上向下”方法编制基准SAM表。然后，根据交通能耗消耗碳排放CGE模型的部门划分及研究需要，引入各种交通运输方式及居民部门的能源消耗核算账户，采用“自下向上”方法，编制交通能源消耗碳排放的细化SAM表。

1. 宏观SAM的账户设定

综合参考翟凡和李善同（1996）、范金等（2010）的方法，编制中国2012年宏观SAM，其描述性框架如表5-2所示。

宏观SAM各账户的主要核算内容包括以下几项。

“活动账户”对应投入产出核算的生产部门，主要核算国内厂商生产活动的总投入与总产出。账户的列方向描述了生产活动的总投入，包括中间投入、要素投入、缴纳的间接税以及从政府部门获取的生产补贴；行方向给出了全部生产活动所产生的国内总产出。

“商品账户”主要核算国内市场各种商品的供给来源与使用需求。账户的列方向反映了国内市场的商品总供给来源于国内总产出及从国外的进口（扣减进口关税）；行方向展示了本国生产的全部产品的使用需求，包括用于生产活动的中间投入、居民和政府的最终消费、投资活动的消耗与商品库存的增加以及出口。

表 5－2　宏观 SAM 表的基本框架

项目		生产活动		要素		机构			资本		ROW	汇总（合计）
		活动	商品	劳动	资本	居民	企业	政府	资本账户	存货变动	国外	
生产活动	活动		国内总产出									总产出
	商品	中间投入				居民消费		政府消费	固定资本形成	存货净变动	出口	总需求
要素	劳动	劳动报酬										劳动要素收入
	资本	资本回报										资本要素收入
机构	居民			劳动收入	资本收入		企业转移支付	政府转移支付			国外收益	居民收入
	企业				资本收入							企业收入
	政府	间接税生产补贴（－）	进口关税			个人所得税	企业直接税		债务收入		国外收入	政府收入
资本	资本账户					居民储蓄	企业储蓄	政府储蓄			国外净储蓄	总储蓄
	存货变动								存货净变动			存货净变动
ROW	国外		进口		国外投资收益			对国外的支付	国外净投资			外汇支出
汇总（合计）		总投入	总供给	劳动要素支出	资本要素支出	居民支出	企业支出	政府支出	总投资	存货净变动	外汇收入	

资料来源：翟凡和李善同（1996）、范金等。

“要素账户”主要核算劳动、资本等要素使用从生产活动中获取的收入和要素收入在要素提供者之间的分配情况。横向描述了劳动、资本要素投入所获得的劳动报酬和资本回报；纵向表示劳动要素收入主要分配给居民部门，资本收入则在国内居民、企业和国外投资者之间进行分配。

“机构账户”主要核算居民、企业和政府的收入来源与使用去向。账户的行方向展示了各机构部门的收入来源；列方向描述了机构部门收入的使用去向。居民收入来源于劳动报酬、资本收益（主要为财产收益）、政府与企业的转移支付以及从国外获得的收益，居民支出主要用于最终消费、缴纳个人所得税以及剩余收入的储蓄。企业收入主要来源于资本投资收益，或称之为留存收益（含税），企业支出扣除缴纳的直接税费以及对居民的转移支付，剩余部分全部转化为储蓄。政府部门的收入主要来源于生产部门的间接税（扣除生产补贴）、进口商品的关税、个人所得税、企业缴纳的直接税以及来自国外的转移收入和债务收入，政府支出去向主要有政府消费、对居民的转移支付以及对国外的各种支付，剩余部分便是政府储蓄。

“资本账户”细分为资本与存货变化两个账户，记录经济体的资本来源（储蓄）与使用状况（投资）。账户的行方向记录的各项储蓄反映了各机构部门的收支结余情况，为社会投资提供了资金来源；列方向描述了投资活动对商品的消耗、存货净变动以及对国外的净投资。

“国外账户”核算的是对外贸易往来，反映国外各种商品的进出口以及国外要素的收入与支出情况。账户的列方向显示了本国产品的出口、来自国外的投资收益和转移支付以及国外储蓄等情况，行方向显示了国外商品的进口、国外要素报酬以及国外净投资。

2. 宏观 SAM 的数据来源

编制中国 2012 年宏观 SAM 所需的数据大部分来源于投入产出表、《中国统计年鉴》、资金流量表、国际收支平衡表、《中国财政年鉴》

《海关统计年鉴》等。当账户的元素出现多种数据来源时，考虑到统计资料的统一性和 SAM 表的平衡性问题，本书倾向于选取在整个编制过程中应用最多的来源渠道，例如，按照比例，SAM 的数据来源最多的当属 IO 表，当确定生产税的数据可同时从 IO 表与财政税务年鉴获取时，优选前者。SAM 表数据来源的具体说明详见表 5 - 3。

表 5 - 3　　宏观 SAM 的数据来源及处理说明　　单位：亿元

行	列	账户名称	数据来源及处理	原始数据
活动	商品	国内总产出	2012 年投入产出表（以下简称为 IO 表）各部门总产出合计	1601627.08
商品	活动	中间投入	IO 表中间投入合计	1064826.91
	居民	居民消费	IO 表农村居民和城镇居民消费支出合计	198536.78
	政府	政府消费	IO 表政府消费支出合计	73181.79
	投资	固定资本形成	IO 表固定资本形成总额	237750.61
	存货变动	存货增加	IO 表存货净增加额	10639.29
	国外	出口	IO 表出口合计	136665.85
劳动力	活动	劳动报酬	IO 表劳动者报酬合计	264134.09
资本	活动	资本回报	IO 表各部门“固定资产折旧”+“营业盈余”	199059.85
居民	劳动力	劳动收入	IO 表劳动者报酬合计	264134.09
	资本	资本收入	《中国统计年鉴》（2014）“资金流量表（实物表）”住户部门的财产收入来源	24336.60
	企业	企业转移支付	账户的平衡项：行余量	33703.15
	政府	政府转移支付	《中国财政年鉴》（2013）“国家财政预算、决算收支总表”，包括社会保障和就业支付等	12585.52
	国外	国外收益	《中国统计年鉴》（2013）“国际收支平衡表”中经常转移项目的其他部门净收益	412.30
企业	资本	资本收入	账户的平衡项：列余量	178347.70
	政府	政府转移支付	《中国统计年鉴》（2014）“资金流量表（实物表）”非金融企业部门、金融机构部门的经常转移和投资性补助	11487.40

续表

行	列	账户名称	数据来源及处理	原始数据
政府	活动	生产税净额	IO 表各部门的生产税净额汇总	73606.23
	商品	进口关税	《中国财政年鉴》（2013）“全国公共财政预算、决算收支”中的进口关税和进口货物增值税、消费税	17586.09
	居民	个人所得税	《中国财政年鉴》（2013）“全国公共财政预算、决算收支”中的个人所得税的决算数	5820.28
	企业	企业所得税	《中国财政年鉴》（2013）“全国公共财政预算、决算收支”中的企业所得税的决算数	19654.53
	投资	债务收入	《中国财政年鉴》（2013）中的政府债务收入	8699.45
	国外	国外收入	《中国统计年鉴》（2013）“国际收支平衡表”中各级政府的经常性转移收入	-195.54
投资储蓄	居民	居民储蓄	《中国统计年鉴》（2014）“资金流量表（实物表）”住户总储蓄	130814.60
	企业	企业储蓄	《中国统计年鉴》（2014）“资金流量表（实物表）”非金融企业和金融机构总储蓄	95731.30
	政府	政府储蓄	《中国统计年鉴》（2014）“资金流量表（实物表）”政府总储蓄	29892.10
	国外	国外净储蓄	《中国统计年鉴》（2014）“资金流量表（实物表）”国外部门总储蓄	-13593.90
存货变动	投资	存货净变动	IO 表“存货变动”	10639.29
国外	商品	进口	IO 表进口	122026.98
	资本	国外投资收益	《中国统计年鉴》（2013）“国际收支平衡表”中经常项目中的投资收益差额	-3624.45
	政府	对国外的支付	《中国统计年鉴》（2013）“中央和地方财政主要支出项目”政府对国外的援助支出和国外借款利息支付	189.57
	资本账户	国外净投资	平衡项：列余量	22282.70

资料来源：《中国投入产出表》（2012）、《中国统计年鉴》（2013）、《中国财政年鉴》（2013）等。

3. 宏观 SAM 编制及平衡处理

根据各账户数据来源，可编制得到 2012 年中国宏观 SAM 表。但由于作为数据基础的投入产出表中的误差项被作为“其他”项处理，在编制SAM 表的过程中未计入该项，从而导致所编制的 SAM 表行加总与列加总不相等。此外，由于 SAM 表涉及的数据覆盖面较广，数据来源渠道多样化，除了直接来自 IO 表的生产数据之外，还有来源于财政或税务年鉴的“全国公共财政预算、决算收支”决算数、中国统计年鉴的“资金流量表”及“国际收支平衡表”等渠道的数据，以及因为数据缺失而估算的数据。由于数据缺失、数据来源渠道不一致及估算方法的不同都会导致SAM 表的不平衡，因此需要采用适宜的方法进行调平。目前最常用的 SAM表平衡方法主要有 RAS 平衡法和交叉熵（Cross Entropy，CE）平衡法。

RAS 法也称为双边比例（biproportional method），其实质是对矩阵行和列双边比例进行调整的迭代方法。即在已知行和列总目标值的情况下，利用矩阵当前总值和目标总值的比例，对原始 SAM 表的各个元素进行调整，通过反复迭代，直到最后收敛使矩阵的行和列总值达到目标数值。RAS 法是调平 SAM 表最传统的方法，简单易行而且可以在行和列数量不等的非正方形矩阵下应用，缺点是目标总值必须固定，且不能根据已知信息对 SAM 表中的个别数据进行分别处理（张欣，2010）。交叉熵（cross entropy，CE）方法源于信息论，它是从借鉴其他领域的预期熵函数特征发展起来的，其核心是用交叉熵距离来衡量 SAM 表调整前后两套数值的差异，通过交叉熵值最小化，使调整后的校整数值在满足条件时与原始数值尽可能地接近。RAS 法使用双边等比例调整虽然在缺乏经济结构信息的情况下避免了植入不可检验的经济机制，但这种调整缺乏经济理论基础，并且 RAS 方法不能容纳各种来源的数据信息，即无法增加使用某些确定的信息来帮助研究。而 CE 方法恰好能弥补RAS 方法的这一局限，能使得 SAM 表中的列系数阵与初始系数阵更为接近，并且在适用范围和求解简捷性的方面更为出色（王其文和李善同，2008），尤其是当 CE 法在 GAMS 中实现之后，其在编程实践中的应用变得更为便利。因此，采用 CE 法对所构建的原始 SAM 表进行调平处理，得到平衡后的 2012 年宏观 SAM 表，如表 5 -4 所示。

表5-4 CE法平衡后的2012年宏观SAM表 单位：亿元

项目	活动	商品	劳动	资本	居民	企业	政府	生产税	收入税	进口关税	国外	总储蓄	存货变动	总计
活动		1516477.72												1516477.72
商品	1008191.08				192801.33		66372.21				130518.65	240070.74	10745.69	1648699.71
劳动	250096.64													250096.64
资本	188484.63										3462.73			191947.36
居民			250096.64	23048.86		40537.31	11415.39				395.09			325493.30
企业				168898.51			10419.47							179317.98
政府								69705.37	29296.03	16667.42				115668.82
生产税	69705.37													69705.37
收入税					5655.30	23640.73								29296.03
进口关税		16667.42												16667.42
国外		115554.56					350.42					18471.49		134376.47
总储蓄					127036.66	115139.93	27111.32							269287.91
存货变动												10745.69		10745.69
总计	1516477.72	1648699.71	250096.64	191947.36	325493.30	179317.98	115668.82	69705.37	29296.03	16667.42	134376.47	269287.91	10745.69	

资料来源：笔者整理计算制表。

5.1.3 交通能源消耗碳排放的微观 SAM 编制

宏观 SAM 为全面描述宏观社会经济体系提供了一个逻辑清晰与结构灵活的框架，但宏观 SAM 缺乏详细的部门与机构信息，仅提供整个经济活动的一个较为粗略的宏观描述。为了模拟分析监管政策变动对不同经济主体及不同部门的具体影响，需要将宏观 SAM 的账户进行细化扩展，编制微观 SAM 以包含更多的经济结构中的信息（Moataz El-Said，2005）。对于 SAM 的分解，原则上一般没有细化的限制，但应遵循：（1）能较好地再现社会经济和结构层次，并可被政策目标识别；（2）分类所依据的特征需要相对稳定并容易测度；（3）分类选择要与政策分析重点相一致，并具有数据支持（Pyatt & Thorbecke，1976）。综合考虑以上原则，参考王其文等（2008）的研究，本模型的部门划分和有关数据确定，以及微观 SAM 编制如下。

1. 部门数据细分与聚合

以 2012 年中国 42 部门投入产出表为基础，结合 139 部门 IO 表，按照第 4 章第 2 节的部门划分标准合并与细分数据表格，大致思路有以下几点。

（1）部门数据的聚合。将 42 部门 IO 表中“纺织品、纺织服装鞋帽皮革羽绒及其制品、木材加工品和家具、造纸印刷和文教体育用品”4 个部门数据合并为“纺织、木材和造纸业”部门数据；

将“金属冶炼和压延加工品、金属制品”2 个部门的数据合并为“金属冶炼制品业”部门数据；

将“通用设备、专用设备、电气机械和器材、通信设备、计算机和其他电子设备、仪器仪表、其他制造产品、废品废料、金属制品、机械和设备修理服务、水的生产和供应”11 个行业的数据聚合为“其他制造业”部门数据；

将“批发和零售、住宿和餐饮”2 个部门的数据合并为“批零贸易及住宿餐饮业”部门数据；

将“租赁和商务服务，科学研究和技术服务，水利、环境和公共设施管理，居民服务、修理和其他服务，教育、卫生和社会工作，文化、体育和娱乐、公共管理，社会保障和社会组织”8个行业数据合并为“其他服务业”部门数据。

（2）交通运输部门数据的细分。（a）交通运输设备部门的细分。交通运输部门的数据细分涉及交通运输设备和交通运输方式的部门拆分。其中，42部门IO表中的交通运输设备部门划分为汽车整车制造业、汽车零部件及配件加工业、其他交通运输设备制造业三个部门，之间数据的拆分比例分别与139部门IO表中“汽车整车”“汽车零部件及配件”“铁路运输和城市轨道交通设备、船舶及相关装置、其他交通运输设备”3项数据的占比一致。（b）交通运输、仓储和邮政部门的细分。42部门IO表中的交通运输、仓储和邮政部门，按运输方式细分为铁路运输业、道路运输业、航空运输业、水路运输业和其他运输业共五个部门，各种运输方式的数据拆分比例依据139部门IO表中“铁路运输”“道路运输”“航空运输”“水上运输”“管道运输、装卸搬运和运输代理、仓储、邮政”五项数据的占比。

（3）能源部门数据的细分。依据研究主题，本书构建的CGE模型既重点关注了交通运输行业的各种化石能源中间投入，又充分考虑了居民部门的燃料最终消耗，因此，SAM表中的能源部门划分较为具体、细致。

第一，石油开采业、天然气开采与供应业的部门数据细分。根据《2013中国能源统计年鉴》一次能源生产量和构成表，其中石油占一次能源生产总量的9.5%，天然气占4.5%，依据此比例关系将42部门IO表中的“石油和天然气开采”数据拆分为“石油开采业”和“天然气开采业”两个部门的数据，然后将“天然气开采业”和42部门IO表中的“燃气生产和供应”进一步聚合为“天然气开采与供应业”部门数据。根据2012年IO表，石油开采业对应的原油不作为交通运输等服务行业的能源中间投入，也不作为居民、政府的能源最终消费，以及固定资产投资形成总额。

第二，炼焦业、汽油、煤油、柴油、燃料油及其他油品业的部门数据细分。首先，根据 139 部门 IO 表中“炼焦产品”和“精炼石油和核燃料加工品”的数据比例关系，将 42 部门 IO 表中的“石油、炼焦产品和核燃料加工业”部门数据分解为“炼焦业”和“石油及核燃料加工业”两个部门的数据；然后，根据《中国统计年鉴》（2013）提供的“按行业分能源消费量”、《中国能源统计年鉴》（2013）的“工业分行业终端能源消费量”和“全国能源平衡表”等提供的分行业数据以及生产消费、库存与进出口数据，将各部门的“石油及核燃料加工业”数据进一步细分为汽油、柴油、煤油、燃料油及其他油品加工业等化石能源数据。其中，交通运输与邮政仓储业归为一个部门，因此，进一步将交通运输、仓储和邮政业的能源消耗按照铁路、道路、航空、水运以及其他运输五种运输方式进行数据细分，各种燃料的分解比例依据前文交通运输能源消耗的测算结果。

第三，电力生产和供应业的部门数据细分。从 42 部门 IO 表的“电力、热力的生产和供应业”中分解出电力生产和供应业的部门数据，分解依据与化石能源的拆分方法一致。

2. 微观 SAM 的编制

依据部门数据的细分与聚合结果，以 t(i,j) 表示 SAM 表中的各元素，如 t（活动，商品）表示“活动”行账户和“商品”列账户的数据，编制交通能源消耗碳排放的 29 部门微观 SAM 表如下。

（1）t（活动，商品），总产出的分解（29 × 29）。比照 29 部门和投入产出表 42 部门、139 部门的数据，将总产出分解到细化的 29 个部门中。

（2）t（商品，活动），中间投入的分解（29 × 29）。类同总产出的分解方法，将各行业中间使用分解到细化的 29 个部门中。

（3）t（劳动，活动），劳动报酬的分解（1×29）。类同总产出的分解方法，将劳动报酬分解到细化的29个部门中。

（4）t（资本，活动），资本收益的分解（1×29）。“资本收益”=营业盈余+固定资产折旧，将IO表中各行业的“营业盈余”和“固定资产折旧”数值合并或分解到细化的29个部门中。

（5）t（生产税，活动），生产税的分解（1×29）。“生产税净额”=生产税-生产补贴，将IO表中各行业的“生产税净额”数值分解到29个部门中。

（6）t（关税，商品），进口关税的分解（1×29）。目前我国没有细分部门的关税数据，参考王灿（2003）的做法，假设各部门关税税率相同，以宏观SAM表中的关税数值作为控制总量，结合各部门的进口额，将关税分解到29个部门中。

（7）t（国外，商品），进口关税的分解（1×29）。参照29部门的划分标准，将IO表中的“进口”数值扣除关税，分解到各部门中。

（8）t（居民，劳动），居民劳动报酬收入（1×1）；t（居民，资本），居民资本收入（1×1）；t（居民，国外），居民国外投资收益（1×1）。SAM表中各部门支付的劳动报酬全部归居民部门所有；根据《中国统计年鉴》（2014）“资金流量表（实物表）”住户部门的财产收入可获得居民资本收入数据；居民国外投资收益数据来源于《中国统计年鉴》（2013）“国际收支平衡表”中经常转移项目的其他部门以美元计价的净收益，使用2012年美元兑换人民币汇率（年平均价）6.3125换算为人民币计价的国外投资收益。

（9）t（居民，政府），来自政府的转移支付（1×1）；t（居民，企业），来自企业的转移支付（1×1）。政府支付给居民的转移支付数据来源于《中国财政年鉴》（2013）“国家财政预算、决算收支总表”，包括社会保障和就业支付等；居民收入中来自企业的转移支付为账户的行余量，即居民总收入-劳动报酬-资本收入-国外投资收益-来自政府的转移支付。

（10）t（企业，政府），来自政府的转移支付（1×1）；t（企业，资本），企业盈余（1×1）。政府支付给企业的转移支付数据来源于《中国统计年鉴》（2014）“资金流量表（实物表）”非金融企业部门、金融机构部门的经常转移和投资性补助；企业营业盈余为账户的列余量，即资本总收益－居民资本收益－资产折旧－国外投资收益。

（11）t（政府，生产税），生产税（1×1）；t（政府，收入税），所得税（1×1）；t（政府，进口关税），进口关税（1×1）；t（政府，国外），国外收入（1×1）。SAM 表中各部门缴纳的生产税净额全部归政府所有；收入税包括居民个人所得税和企业所得税，数据来源于《中国财政年鉴》（2013）“全国公共财政预算、决算收支”的个人所得税的决算数和企业所得税的决算数；进口关税数据来源于《中国财政年鉴》（2013）“全国公共财政预算、决算收支”中的进口关税和进口货物增值税、消费税；国外收入数据来源于《中国统计年鉴》（2013）“国际收支平衡表”中各级政府以美元计价的经常转移收入，按照 2012 年美元兑换人民币汇率（年平均价）6.3125 换算为人民币计价的经常转移收入。

（12）t（国外，资本），国外投资收益（1×1）；t（国外，政府），政府对国外的支付（1×1）。根据《中国统计年鉴》（2013）“国际收支平衡表”经常项目中的以美元计价的投资收益差额，使用 2012 年美元兑换人民币汇率（年平均价）6.3125 计算得到以人民币计价的国外投资收益；政府对国外的支付数据来源于《中国统计年鉴》（2013）“中央和地方财政主要支出项目”中政府对国外的援助支出和国外借款利息支付。

（13）t（储蓄，居民），居民储蓄（1×1）；t（储蓄，企业），企业储蓄（1×1）；t（储蓄，政府），政府储蓄（1×1）；t（储蓄，国外），国外净储蓄（1×1）。各机构部门的储蓄数据分别来源于《中国统计年鉴》（2014）“资金流量表（实物表）”住户总储蓄、非金融企业和金融机构总储蓄、政府总储蓄及国外部门总储蓄，国外净储蓄为负值表示净支出，即拥有较高的外汇储备。

（14）t（存货，储蓄），存货净变动（1×1）。投入产出表中最终使用部分的各部门存货增加额的加总。

（15）t（商品，居民），居民最终消费（29×1）；t（商品，政府），政府最终消费（29×1）。投入产出表中最终使用部分的居民最终消费支出和政府最终消费支出，参照 29 部门的划分标准分解到各部门中。

（16）t（商品，国外），出口（29×1）。投入产出表中最终使用部分的出口额，参照 29 部门的划分标准分解到各部门中。

（17）t（商品，投资），投资需求（29×1）。投入产出表中最终使用部分的固定资本形成总额，参照 29 部门的划分标准分解到各部门中。

（18）t（商品，存货），存货增加（29×1）。投入产出表中最终使用部分的存货增加额，参照 29 部门的划分标准分解到各部门中。

（19）t（国外，投资），国外净投资（1×1）。投资账户的列余量，即总投资额 - 商品投资额 - 存货增加额。与宏观 SAM 类同，初始编制的微观 SAM 行列并不相等，需要进行平衡处理。在此，仍采用 CE 法对微观 SAM 进行平衡处理。

5.2　参数标定

在确定了 CGE 模型的各个模块与数据库基础之后，接下来的重点即是寻求切实可行的有效方法估计满足 CGE 模型一致性要求的模型参数（Shoven & Whalley，1992）。CGE 模型中的参数标定大致可以分为两类，一类是 CES 和 CET 函数中的规模系数和份额系数，以及储蓄率、各种税率等参数，这类参数可以利用 SAM 基准年度数据直接计算得到；另一类是各种替代弹性和需求弹性等参数，一般需要通过实证估计或是使用其他的信息和数据（Devarajan & Robinson，2002）。

5.2.1 弹性替代系数

本模型中需要标定弹性替代系数的主要有各产业部门的 CES 生产函数、居民家庭消费的 CES 效用函数以及对外贸易的 CET 与 Armington 函数。函数的替代弹性大小表明了各种投入要素或商品之间的相互替代难易程度，并对各种外部政策的冲击效应具有决定性的影响。例如，生产函数的各种投入要素之间的替代弹性大，厂商针对政策冲击调整投入要素的成本则小，外来冲击对经济系统的影响效应也相应较小（宣晓伟，1998）。这些弹性系数在经济结构变化不大的假设条件下，可通过设定可行的计量经济模型，利用较为完整的时序或面板数据估计得到。但在实证过程中，弹性替代系数对于模型形式、估计方法和数据结构非常敏感，取值变化范围较大且不稳定（Koetse，2008）。

而且多数参数缺乏实证估计的基础，如果估计方法和数据选用不当会造成参数估值的较大偏差，进而影响到整个模型模拟的准确性。为了避免这一缺陷，本章先采用文献调研法外生给定，后以敏感性分析研究其影响。需要说明的是，根据本模型研究特点，能源产品之间的替代关系在生产投入需求与居民家庭消费两种情况下有所区别，具体如下。

生产活动总产出 CES 函数中增加值—能源合成与非能源中间投入的替代弹性设定参考索莱曼等（2015），增加值—能源合成 CES 函数中的增加值与能源的替代弹性、能源投入 CES 函数中各种能源之间的替代弹性设定参考菲林格尔等（Vöhringer et al.，2013）、李等（2017），增加值 CES 函数中的劳动与资本的替代弹性、CET 函数中的国内供给和出口之间的转换弹性以及 Armington 方程中国产商品和进口商品之间的替代弹性设定参考贺菊煌等（2002），具体详见表 5 -5。

表 5－5　替代弹性系数

部门	要素弹性				贸易弹性	
	σ_{Qa}	σ_{VEa}	σ_{Va}	σ_{Ea}	σ_{Qc}	σ_{Tc}
A1 农业	0. 5	0. 4	0. 5	1. 05	2. 91	5. 81
A2 石油开采业	0. 3	0. 2	0. 2	0. 5	2. 51	5. 03
A3 炼焦业	0. 6	0. 5	0. 8	0. 5	3. 52	3. 80
A4 煤炭采选业	0. 3	0. 2	0. 2	0. 5	2. 51	5. 03
A5 天然气开采与供应业	0. 4	0. 3	0. 2	0. 8	2. 80	5. 03
A6 汽油加工业	0. 6	0. 5	0. 8	0. 9	3. 52	3. 80
A7 柴油加工业	0. 6	0. 5	0. 8	0. 9	3. 52	3. 80
A8 煤油加工业	0. 6	0. 5	0. 8	0. 9	3. 52	3. 80
A9 燃料油及其他油品加工业	0. 6	0. 5	0. 8	0. 9	3. 52	3. 80
A10 电力生产和供应业	0. 6	0. 5	0. 8	0. 8	2. 80	3. 80
A11 金属采矿业	0. 3	0. 3	0. 2	0. 5	2. 51	5. 03
A12 非金属采矿业	0. 3	0. 3	0. 2	0. 5	2. 51	5. 03
A13 食品和烟草加工业	0. 6	0. 5	0. 8	0. 9	3. 52	3. 80
A14 纺织、木材和造纸业	0. 6	0. 5	0. 8	0. 9	3. 52	5. 60
A15 化学工业	0. 6	0. 5	0. 8	0. 9	3. 52	5. 60
A16 非金属矿物制品业	0. 6	0. 5	0. 8	0. 9	3. 52	5. 60
A17 金属冶炼制品业	0. 6	0. 5	0. 8	0. 9	3. 52	5. 60
A18 汽车整车制造业	0. 6	0. 5	0. 8	0. 9	3. 52	5. 60
A19 汽车零部件及配件加工业	0. 6	0. 5	0. 8	0. 9	3. 52	5. 60
A20 其他交通运输设备制造业	0. 6	0. 5	0. 8	0. 9	3. 52	5. 60
A21 其他制造业	0. 6	0. 5	0. 8	0. 9	3. 52	5. 60
A22 建筑业	0. 8	0. 6	0. 9	1. 05	1. 90	3. 80
A23 铁路运输业	0. 8	0. 6	0. 9	1. 25	1. 90	3. 80
A24 道路运输业	0. 8	0. 6	0. 9	1. 25	1. 90	3. 80
A25 航空运输业	0. 8	0. 6	0. 9	1. 25	1. 90	3. 80
A26 水路运输业	0. 8	0. 6	0. 9	1. 25	1. 9	3. 8
A27 其他运输业	0. 8	0. 6	0. 9	1. 25	1. 9	3. 8
A28 批零贸易及住宿餐饮业	0. 8	0. 6	0. 9	1. 05	1. 9	3. 8
A29 其他服务业	0. 8	0. 6	0. 9	1. 05	1. 9	3. 8

资料来源：笔者参考索莱曼等（2015）、菲林格尔等（2013）、李等（2017）、郑玉欲和樊明太（1999）、贺菊煌等（2002）等设定。

居民家庭消费 CES 效用函数中的交通消费与非交通消费的替代弹性、私人交通与公共交通的替代弹性、各种公共交通之间的替代弹性设定参考索莱曼等（2015），弹性值分别设定为 0.65、0.62 和 0.5；居民家庭各种能源消费之间的替代弹性以及能源消费与一般商品之间的替代弹性参考阿布莱尔（Abrell J，2010）、肖皓（2009）的设定，替代弹性系数分别为 0.5 和 0.25。

5.2.2　规模系数和份额参数

在 CGE 模型中，除了替代弹性等少数参数采用计量经济方法估计或文献研究法外生确定外，大部分参数是采用校准（calibration）的方法得到。校准也称逆回归（inverse regression），是指利用已经确定的函数方程和均衡的数据集，将参数作为求解的变量，通过计算得到其系数值。其中，对于 CGE 模型中的储蓄率、各种税率等参数，利用基期数据就可以唯一地校准出模型系数值；对于 CES 生产函数和效用函数、CET 函数以及 Armington 方程中的规模系数和份额系数，则需要在替代弹性外生给定之后，再利用微观 SAM 的基期均衡数据集求解而得。

1. 生产函数参数校准

以生产模块中部门总产出的生产函数为例，CES 生产函数和增加值—能源合成束与非能源中间投入需求函数：

$$QA_a = A_{Qa} \times [\alpha_{VEa} \times QVAE_a^{\rho_{Qa}} + (1 - \alpha_{VEa}) \times QINTA_a^{\rho_{Qa}}]^{\frac{1}{\rho_{Qa}}} \quad (4-1)$$

$$\frac{QVAE_a}{QINTA_a} = \left(\frac{\alpha_{VEa} \times PINTA_a}{(1 - \alpha_{VEa}) \times PVAE_a}\right)^{\sigma_{Qa}} \quad (4-2)$$

A_{Qa}为部门产出 CES 函数的规模系数，α_{VEa}为份额系数，σ_{Qa}为增加值—能源合成束与非能源中间投入之间的替代弹性系数，$\sigma_{Qa} = \frac{1}{1 - \rho_{Qa}}$。首先，根据要素最优投入方程（4－2）可以推导出份额系数的计算公式为：

$$\alpha_{VEa}=\frac{PVAE_a\times QVAE_a^{1-\rho_{Qa}}}{PVAE_a\times QVAE_a^{1-\rho_{Qa}}+PINTA_a\times QINTA_a^{1-\rho_{Qa}}} \tag{5-2}$$

由于CGE模型中只是相对价格起作用，为简单起见，通常将SAM基准年度的单位要素和合成要素的价格设定为1，基准年的“数量”变量即等于隐含价格变量的价值量。因此，在外生给定弹性系数的基础上，通过基准年数据，可求得方程中的份额系数如下（Shoven & Whalley，1992）：

$$\alpha_{VEa}=\frac{QVAE_a^{1-\rho_{Qa}}}{QVAE_a^{1-\rho_{Qa}}+QINTA_a^{1-\rho_{Qa}}} \tag{5-3}$$

$QVAE_a$、$QINTA_a$ 由调平后的微观SAM可以得到。进一步根据式（4-1）可求解规模系数：

$$A_{Qa}=\frac{QA_a}{[\alpha_{VEa}\times QVAE_a^{\rho_{Qa}}+(1-\alpha_{VEa})\times QINTA_a^{\rho_{Qa}}]^{\frac{1}{\rho_{Qa}}}} \tag{5-4}$$

通过已经确定的份额系数与替代弹性的相关系数，以及SAM平衡表中的 QA_a、$QVAE_a$ 和 $QINTA_a$ 等数值，可以很容易地求得规模系数 A_{Qa} 的值。

利用类似的校准方法，可以确定生产模块中其他各类CES生产函数的份额系数和规模系数：

$$\alpha_{Va}=\frac{QVA_a^{\frac{1}{\sigma_{VEa}}}}{QVA_a^{\frac{1}{\sigma_{VEa}}}+QEN_a^{\frac{1}{\sigma_{VEa}}}} \tag{5-5}$$

$$A_{VEa}=\frac{QVAE_a}{[\alpha_{Va}\times QVA_a^{\rho_{VEa}}+(1-\alpha_{Va})\times QEN_a^{\rho_{VEa}}]^{\frac{1}{\rho_{VEa}}}} \tag{5-6}$$

$$\alpha_{La}=\frac{QLD_a^{\frac{1}{\sigma_{Va}}}}{QLD_a^{\frac{1}{\sigma_{Va}}}+QKD_a^{\frac{1}{\sigma_{Va}}}} \tag{5-7}$$

$$A_{Va}=\frac{QVA_a}{[\alpha_{La}\times QLD_a^{\rho_{Va}}+(1-\alpha_{La})\times QKD_a^{\rho_{Va}}]^{\frac{1}{\rho_{Va}}}} \tag{5-8}$$

$$\delta_{Eai}=\frac{QEN_{ai}^{1/\sigma_{Ea}}}{\sum_{i=2}^{10}QEN_{ai}^{1/\sigma_{Ea}}} \tag{5-9}$$

$$A_{Ea} = \frac{QEN_a}{\sum_{i=2}^{10}(\delta_{Eai} \times QEN_{ai}^{\rho_{Ea}})^{\frac{1}{\rho_{Ea}}}} \tag{5-10}$$

2. 政府与居民消费效用函数的参数标定

（1）政府消费需求 C-D 效用函数的规模系数和份额系数：

$$A_c = \frac{\sum_c GC_c}{\prod_c GC_c^{\alpha_{gc}}} \tag{5-11}$$

$$\alpha_{gc} = \frac{PQ_c \times GC_c}{GY} \tag{5-12}$$

（2）居民家庭消费的 CES 直接效用函数中的规模缩放系数设定为1，份额系数如下：

$$\alpha_T = \frac{P_T^{\sigma_H - 1} \times T}{P_T^{\sigma_H - 1} \times T + P_{NT}^{\sigma_H - 1} \times NT} \tag{5-13}$$

$$\alpha_A = \frac{P_A^{\sigma_T - 1} \times T_A}{P_A^{\sigma_T - 1} \times T_A + P_{NA}^{\sigma_T - 1} \times T_{NA}} \tag{5-14}$$

$$\alpha_F = \frac{P_F^{\sigma_{NT} - 1} \times Q_F}{P_F^{\sigma_{NT} - 1} \times Q_F + P_{CO}^{\sigma_{NT} - 1} \times CO} \tag{5-15}$$

$$\beta_{COi} = \frac{CO_i \times PQ_i}{HC_O} \tag{5-16}$$

$$\beta_{Fi} = \frac{P_{Fi} \times Q_{Fi}}{HC_F} \tag{5-17}$$

$$\beta_{Ti} = \frac{P_{NAi} \times T_{NAi}}{HC_{NA}} \tag{5-18}$$

3. 贸易函数的参数标定

（1）国内产品分配 CET 函数的份额系数和规模系数：

$$\alpha_{TDC} = \frac{QD_c^{\frac{1}{\sigma_{TC}}}}{QD_c^{\frac{1}{\sigma_{TC}}} + QE_c^{\frac{1}{\sigma_{TC}}}} \tag{5-19}$$

$$A_{Tc} = \frac{QX_c}{[\alpha_{TDc} \times QD_c^{\rho_{Tc}} + (1 - \alpha_{TDc}) \times QE_c^{\rho_{Tc}}]^{\frac{1}{\rho_{Tc}}}} \tag{5-20}$$

（2）产品需求 Amington 函数的份额系数和规模系数：

$$\alpha_{DC} = \frac{QD_c^{\frac{1}{\sigma_{QC}}}}{QD_c^{\frac{1}{\sigma_{QC}}} + QM_c^{\frac{1}{\sigma_{QC}}}} \tag{5-21}$$

$$A_{Qc} = \frac{QQ_c}{[\alpha_{Dc} \times QD_c^{\rho_{Qc}} + (1 - \alpha_{Dc}) \times QM_c^{\rho_{Qc}}]^{\frac{1}{\rho_{Qc}}}} \tag{5-22}$$

5.3　模型求解

CGE 模型的求解过程实质上是求出所有方程的均衡解，由于模型涉及的结构、方程与参数繁杂众多，构成了一个庞大的非线性方程组，需要借助专门的计算软件实现模型的均衡求解。目前，常用的求解软件有世界银行主导开发的 GAMS（general algebraic modeling system）软件和由澳大利亚蒙纳士（Monash）大学研发的 GEMPACK（general equilibrium modelling Package）。

GAMS 软件是一款融合数学规划理论与数据库技术，专门针对大型线性、非线性以及混合整数等优化建模而设计的高级计算机算法，广泛用于大型复杂的经济模型与规划运筹求解。GAMS 语言（系统）本身主要为五种类型的模型提供算法，即线性规划 LP（linear programming）、非线性规划 NLP（non-linear programming）、混合整数规划 MIP（mixed-integer programming）、混合整数非线性规划 MINLP（mixed-integer non-linear programming）和混合互补问题 MCP（mixed complementary programming）。

GEMPACK 软件主要利用多阶段线性仿真的方法来逼近模型的实际解，常用于全球贸易分析计划（global trade analysis project，GTAP）的模型求解，但对于一般研究者来说，其在通用性、代码可读性及学习资源等方面稍逊于 GAMS。同时，GTAP 模型完全实现了界面化的操作，易使人产生一种错觉，即认为 CGE 模型是一个黑箱，但实际上，任何模型都是有建模目的和应用范围的。另外，GTAP 作为一个世界贸易模型能够实现界面化，但在研究某个国家的相关政策时，由于需要涉及经济体的具体细节问题，需要进行有针对性的模型构建工作，实现统一的界面化可能性较小。

综合两种求解软件的特点与研究需要，模型采用 GAMS 软件实现模型的程序表达和求解。

5.4 模型检验

由于 CGE 模型的构建依赖于经济主体的各种行为假设、外生变量的设定、参数标定以及闭合规则的选择等，而且模型的数据基础 SAM 编制过程中因数据的缺失、来源渠道及统计误差等原因，易造成模型的基础数据与实际经济数据产生偏离，因此，模型构建与程序编制之后，在利用模型进行实际模拟分析之前，还需要对 CGE 模型进行一系列的有效性检验，主要包括以下几种。

1. 一致性检验

主要检验模型的基准数据 SAM 是否平衡以及基准数据与基准模型解的关系。SAM 如果不平衡，模型必然无法得到正确的结果。同时，由于模型是在确定了替代弹性等外生参数后，通过基期数据集校准得到其他参数，因此，在基准模型求解时，将模型的基准价格设定为 1，保证外生参数不变，将校准的参数代入并运行模型，检验内生变量求解的结果是否与基准数值一致，如果 CGE 模型构建正确，基准数值应该是模型的一组平衡解。否则，说明模型可能因为 SAM 初始未调平或参数校准有误而存在问题。

2. 价格齐次性检验

CGE 模型中的各变量初始值主要源于 SAM，表中数值仅表示各变量当前的价值量，而非价格或实物量。实际应用中，一般很难独立于

SAM 系统地收集各变量的价格或实物量数据，为简便起见，通常将价格标准化，即假定各原始变量的基准价格为 1。因此，模型中的经济体只对相对价格的变动作出反应，如果 CGE 模型正确，所有商品名义价格的同比例变动并不会引起实物量的数值变化。

在实际验证时，往往需要选择一个价格变量固定下来作为基准价格，当基准价格扩大或缩小一定比例时，所有价格变量值等比例扩大或缩小，但所有的实物量（部门产出量、中间投入、实际 GDP、居民消费量等）均不发生变化，否则说明模型存在问题（李元龙，2011）。本章 CGE 模型中选择劳动力价格 WL 作为价格基准，当 WL 增加 1 倍时，模型中所有价格变量和价值变量都增加 1 倍，但实物变量不发生变化，说明模型通过了“价格齐次性”检验。

3. 结果的平衡性检验

CGE 模型的构建依据瓦尔拉斯一般均衡理论，因此通过模型求得的解应该均衡，即满足“结果的平衡性”准则。实际检验时，一般通过在储蓄投资均衡方程中添加一个瓦尔拉斯虚拟变量，使 GAMS 的运行结果瓦尔拉斯变量为 0 或是一个非常接近 0 的数值。本章亦是采用这种方法，在储蓄投资平衡方程中添加瓦尔拉斯虚拟变量；同时，在模型外添加名义 GDP 的三面等值恒等式，对 CGE 模型的平衡性进行检验。运行结果表明，瓦尔拉斯虚拟变量的值为 0，且名义 GDP 三种核算方法的结果相等。

4. 敏感性检验

CGE 模型所涉及的参数，除了由模型校准之外还有部分来源于已有的研究或经验判断，如替代弹性的取值等。对于这部分参数，由于其选择面临了较多的不确定性，往往需要进行敏感性检验，以判断不同取值是否会对模拟结果产生巨大的影响。通过敏感性分析，在合理的区间范围内，尽量选用对模拟结果影响相对较小的取值，以保证模拟结果的稳健性。

目前，CGE模型的敏感性分析方法主要有条件系统敏感性分析（conditional systematic sensitivity analysis，CSSA）、非条件系统敏感性分析（unconditional systematic sensitivity analysis，USSA）、高斯积分法（GAUSS Quadrature）及蒙特卡洛（Monte Carlo）随机模拟法等。

（1）条件系统敏感性分析（CSSA）。CSSA法是指在假设其他参数不变的基础上，考察每个自由参数取值变化对模拟结果的稳健性影响。这种方法未考虑多个参数共同变化对模拟结果可能产生的不同效果，但算法具有较好的可行性，常为大型CGE模型所采用。

（2）非条件系统敏感性分析（USSA）。USSA法是指在某个自由参数变化时，其他自由参数也同时变化，考察所关注变量的稳健性。USSA考虑了参数之间的任意组合，因此导致运算量非常庞大，尤其在大型CGE模型的实现上具有较大的局限性，一般只适合于小型CGE模型。

（3）高斯积分法（GAUSS Quadrature）。首先对每个参数给定一个先验分布，然后在此分布上选择点对模型求解。该方法具有很高的精度，但随着求解次数的增加运算量也非常巨大，同样只适合于小规模的CGE模型。

（4）蒙特卡洛（Monte Carlo）随机模拟法。蒙特卡洛随机模拟法也需要事先给定一个先验分布，然后在满足该分布的条件下对参数进行随机取值，检验参数设置变化对模拟结果的影响。阿伯勒等（Abler et al.，1999）认为在CGE模型的敏感性分析中，当计算上可行时，可采用高斯积分方法，当高斯积分法不可行时则可采用蒙特卡洛随机模拟法。

一般地，CGE模型的敏感性分析通常集中于观察关键弹性参数的取值变化对政策模拟结果的影响（Roberts，1994）。由于低碳交通政策的实施效应主要通过影响交通运输部门及居民的交通能源消费行为来实现，因此，敏感性分析采用“条件系统敏感性分析法”（CSSA）法，考察生产函数中能源要素之间的替代弹性变化对能源消耗、碳排放、

GDP 和居民福利（EV）等指标的影响。

通过上述有效性检验之后，通常还需要检验模型结果的合理性，即模型模拟的变量值不应该出现异常范围的数值，否则说明方程或参数设置等可能存在问题，尤其是动态链接的参数设置错误易导致多期运行之后的模型解出现异常值，因此，还需要对动态 CGE 模型进行进一步的调试与排错。

第 6 章　低碳交通监管政策效应的模拟分析

前面章节的理论基础阐述表明，为了遏制交通碳排放，我国先后实施了包括行政法规、技术规制、税收与财政补贴、需求控制等一系列低碳交通监管政策手段。从政策体系来看，可以分为规制型、经济手段型和信息公开型等相关政策。规制型政策主要有设定技术标准或基准的政策，如燃油经济性标准、机动车尾气排放标准以及限购等数量限制型政策；经济手段型政策包括税收和财政政策，如燃油消费税、碳税环境税等；信息公开型政策制定则是一种告知性的政策措施，目的是为了让消费者充分了解交通的环境外部性特征及缓解措施后，进行理性选择。一般地，信息公开型政策由于无法量化难以进行定量分析；技术或基准性的规制型政策在获得基础数据后可以进行定量的评估，但行政限制型政策一般难以进行量化的分析，例如车辆限行制度；经济手段型的财政税收政策则往往是定量模拟评估的对象。

目前，在我国的低碳交通政策中，通过燃料消耗限值、机动车尾气排放限值、燃油碳排放税制等技术标准和市场调节机制来促进低油耗、高环保运输方式的发展，限值高能耗、高排放机动车增长的政策取向较为明显，而且可以预见，将来这方面的监管政策还会不断加强。同时，从我国交通碳排放的驱动因素来看，长期以来以煤炭、汽油和柴油为主的能源消费结构和相对滞后的碳减排技术导致当前的碳减排驱动效应较弱，未来我国低碳交通发展进程中，加大税制力度实现能源结构优化的市场调节并推进技术减排亦是大势所趋。鉴于此，本章依据构建的动态 CGE 模型，选择交通碳税及机动车尾气排放限值标准两类具有代表性的经济手段型和规制型政策进行模拟分析。

6.1　交通碳税政策效应的模拟分析

碳税是以价格控制为特征的市场机制手段，主要针对化石燃料使用所引起的二氧化碳排放的外部不经济问题所征收的税，兴起于 20 世纪 90 年代的北欧，之后欧洲及北美的一些发达国家相继实施了碳税政策。2019 年 1 月 17 日，全美 45 位顶级经济学家（包括 27 位诺贝尔奖得主和 4 位美联储前主席）联合签署了“以碳税作为应对气候变化工具”的公开信，呼吁利用碳税，引导经济参与者走向低碳未来。目前英国、美国、加拿大、芬兰、瑞典、挪威及澳大利亚等 20 多个发达国家已经开征了碳税。

交通能源消费的快速增长和温室气体排放的急剧增加，给城市空气及人们身体健康带来了严重的负面影响。为了有效地实施交通业碳减排，OECD 国家陆续实行了交通业的碳税征收工作。例如，1990 年挪威开始对煤炭、汽油、天然气等主要交通燃料征收税率为 21 美元/吨碳的碳税，1996 年丹麦开始实行不同交通燃料的差异化税率。德国 1997 年开始以机动车重量及每千米里程 CO_2 等气体的排放量作为机动车税的课税基础，对每千米里程 CO_2 排放超过 120 克的部分施以 2 欧元/克的碳税，并对不同用途的交通燃料施以差异化的碳税税率，以实现绿色税制的作用。2005 年法国以每千米里程 CO_2 排放量作为计税标准，对每千米里程 CO_2 排放量在 156 克的车辆施以 200 欧元/辆至 2600 欧元/辆不等的机动车税，同时对于每千米里程 CO_2 排放量低于 115 克的车辆则给予 100 欧元～5000 欧元/辆的奖励。南非 2010 年以汽车燃料作为课税对象，对新售汽车核定二氧化碳排放量超过每千米 120 克的，超出部分施以 10.26 美元/克的碳税。2012 年澳大利亚对交通、工业等高耗能行业征收税率为 21 澳元/吨碳的碳税，荷兰也从开始以汽车里程数作为碳税征收标准，对不同排气量和不同吨位的机动车施以不同的碳税税率，从而有效地降低了汽车的出行率，并使荷兰的碳排放量降低了 10% 左右。综合来看，通过对交通运输燃料或运输企业征收碳税，能较为有效地遏制交通业碳排放的迅猛增长，以实现交通碳减排的目标。但众所周知，碳税政策的施加是一把“双刃剑”，一方面，它能有效地降低交通业能源消耗量，改善能源消费结构并降低碳排放量；另一方面，它对交通部门乃至整个宏观经济会产生负面影响，可能导致国内产出和需求减少，居民福利下降。

目前，我国面临着巨大的温室气体减排的国际国内压力，从世界各国碳税征收的实践和效果来看，未来我国征收碳税的可能性日趋增大。但由于各种原因当前在中国所有部门实施碳税可能会存在一定的难度，但对于高碳排放的部门首先试行或许可行，杨颖（2017）等也曾建议我国应分行业，先对高碳排放的行业试点开征碳税。中国交通运输部门正是高能耗高排放的部门之一，近年来中国交通低碳政策纷纷出台，但成效并不显著，对这一部门征收碳税或许是大势所趋。因此，探究中国交通业碳税征收的碳减排效应及其对宏观经济的波及影响，以确定适宜的碳税征收策略，对于推动中国低碳经济和交通业可持续发展具有重要的现实意义。

6.1.1 模拟情景设定

1. 计税依据和征收方式

碳税的征税范围包括煤炭、石油、天然气等化石能源燃料，其计税依据为化石能源中的含碳比例。目前部分欧美国家以联合国政府间气候变化专门委员会编制的《IPCC 国家温室气体清单指南》为标准，依据各类化石能源的消耗量及其对应的排放系数计算碳排放量，作为计税的依据。另外，也有按照能源燃料的消耗量征税或是根据燃料燃烧释放的热量征收 BTU 税（英国热量单位，British thermal unit）。由于低碳交通政策模拟中，可以直接推算出各种交通运输方式的 CO_2 排放量，因此，交通碳税的计税依据为二氧化碳排放量。

交通碳税的征收方式大致有两种：第一种是从能源供给方面，根据化石能源产出量以间接税的形式向生产者征收；第二种是从化石能源需求方面征税，按照“谁排放，谁负担”原则对消费者征收。第一种征税方式类似于消费税，形式上由能源生产部门代缴，最终转嫁给化石能源的消费部门。这种征收方式所承担的社会压力相对较小，易获得消费者的认同，但缺陷在于价格传导速度相对较慢，不能有效地引发改变。第二种征收方式在能源消耗环节实施，从通过碳税来促进“节能减排”的政策目的来看，在需求面征收方式更具有合理性，它不但有利于实现税收公平，同时还能激发消费者的能源节约意识，目前被很多欧美国家采用。本书采取第二种征税方式，按照“谁排放，谁负担”的原则，在能源消费环节分别对化石能源的中间使用和居民部门的最终需求所产生的二氧化碳进行征收，具体的碳税设计方程如下：

$$CT_a = \sum_{i=2}^{10} QEN_{ai} \times \gamma_{co_2} \times \overline{ztc} \tag{6-1}$$

$$CT_h = \sum_{i=6}^{9} Q_{Fi} \times \gamma_{co_2} \times \overline{ztc} \tag{6-2}$$

$$TCT = \sum_{a=23}^{27} CT_a + CT_h \tag{6-3}$$

$\overline{ztc}$为每吨 CO_2 的碳税额，CT_a、CT_h 分别为交通运输部门和居民部门 CO_2 排放所征收的碳税额。计算出交通运输部门所消耗化石能源的碳税税额及居民部门燃油消耗的碳税税额之后，就可以将碳税的税率转化为从价税率，即对某种化石能源（燃油）征收的碳税税额与该化石能源国内需求的价值量之比，具体如下：

$$rztc = \frac{TCT}{PQ_c \times QQ_c} \tag{6-4}$$

由此，交通运输部门的化石能源需求价格变为 $(1 + rztc) \times PQ_c$，将直接影响生产函数中能源投入和居民燃油最终消费的使用成本。同时，政府收入也因为碳税的征收而增加，即：

$$GY = \overline{ty}_h \times THY + \overline{ty}_e \times EY + \sum_a \overline{td}_a \times PA_a \times QA_a + \sum_c tm_c \times pwm_c \times QM_c \times EXR - \sum_c te_c \times pwe_c \times QE_c \times EXR + TCT \quad (6-5)$$

2. 碳税税率设定

由于世界各国的能源拥有量、消耗量、储备量及碳排放量差异较大，因此各国有关碳税征收的政策及设定的税率也各不相同。目前虽然我国尚未实现碳税征收，但是在设定碳税税率的研究方面有迹可循，中国财政部有关课题组提出，碳税在实施初期可设定为每吨二氧化碳排放征税 10 元，征收年限可设定在 2012 年，到 2020 年碳税的税率可提高到 40 元/吨；生态环境部规划院课题组则建议，短期每吨二氧化碳排放征税 20 元，长期可提高至 50 元/吨。另据北京碳排放权电子交易平台和上海环境能源交易所 2013 年的数据，碳排放权（配额）交易均价分别为 50 元/吨和 27 元/吨；2017 ~ 2018 年北京的配额价格大多维持在 50 元/吨以上，上海为 30 元 ~ 40 元/吨，天津、广东、湖北等城市的配额价格则大致位于 10 元 ~ 20 元/吨。此外，目前英国的煤炭碳税税率为 7 欧元/吨碳，日本为 1400 日元/吨碳，澳大利亚为 21 澳元/吨碳。综合已有国家的碳税实施经验并结合中国实际情况，特别考虑到中国交通运输及私家车出行需求迅猛增加等特点，将碳税税率模拟设定为每吨二氧化碳排放征税 20 元/吨、40 元/吨、60 元/吨、80 元/吨和 100 元/吨五个等级，征税对象为煤炭、石油、天然气、汽油、柴油、煤油、燃料油等化石能源。

3. 模拟情景设定

根据前文的分析和所建立的 CGE 模型，对五档碳税税率进行模拟情景设定，考虑到 CGE 模型的数据库是基于中国 2012 年投入产出表和宏观经济数据所编制的 SAM 表，模拟时间跨度设为 2012 ~ 2020 年。

首先，设定基准情景。根据初始年份 2012 年的数据，利用标定的手法，逆算出 CGE 模型中所有函数的特定参数或系数，确定 2012 年的基准均衡，作为政策模拟对比的静态基准情景。在决定动态基准情景时，首先根据基准年数据，参照 2012～2017 年的宏观经济统计数据，对 GDP 增长率、就业人口和投资增长率等外生变量进行调整，由此推算出 2012～2017 年各项指标的数值，以此为基本出发点，综合考虑人口、劳动力和资本等要素禀赋的发展趋势，生成 2012～2020 年的动态基准情景，作为政策情景下模拟比较的参照标准。

其次，设定碳税征收模拟情景。在基准情景设定的基础上，嵌入交通碳税征收政策，分别对五档税率进行情景模拟。在碳税征收情景设定中，参考我国现行的资源税从价征收模式，将每吨二氧化碳的碳税税额转化为从价税率，并假设各种能源产品的碳税从价税率相同。模拟结果的分析分为短期变化和长期变化两种，短期变化为基准年模型不引入动态机制情况下的运行结果相对于基期的变化，长期变化则为模型运行多期后相对于基准情景的变化结果。

6.1.2　交通碳税短期政策效应模拟结果

根据情景设定，模拟五档碳税税率征收方式下，相对于基准情景宏观和微观层面的短期政策效应及动态模拟的长期变化结果。宏观层面的影响结果中，碳税政策效应主要体现在经济增长、总投资、社会福利和碳减排四个方面；微观层面则主要研究碳税征收对交通运输部门和居民部门的化石能源需求及碳排放的影响。

以 2012 年基准情景作为对比基础，模拟碳税税率分别为 20 元/吨（Tax20）、40 元/吨（Tax40）、60 元/吨（Tax60）、80 元/吨（Tax80）和 100 元/吨（Tax100）的宏观经济增长效应、节能效应和减排效应，结果如表 6－1 所示。

表 6－1　　　　不同碳税情景下政策效应的短期变化

变量	碳税税率（元/吨）				
	Tax20	Tax40	Tax60	Tax80	Tax100
相对于 2012 年基准情景的变化百分比（%）					
增长效应					
支出法 GDP	－0.06	－0.08	－0.16	－0.21	－0.26
总投资	－9.87	－9.92	－10.60	－13.02	－18.82
社会福利	－6.26	－9.83	－11.33	－13.25	－13.56
节能效应					
总能耗	－3.01	－3.31	－4.64	－6.15	－7.63
交通运输部门					
铁路运输	－1.03	－2.87	－3.68	－5.22	－11.03
道路运输	－3.63	－5.44	－6.86	－10.75	－21.88
航空运输	－0.73	－1.69	－3.80	－4.15	－16.62
水路运输	－0.41	－0.97	－3.05	－3.89	－4.29
其他运输	－2.50	－4.23	－6.67	－7.31	－13.31
居民部门	－4.69	－6.13	－7.48	－12.67	－16.74
减排效应					
CO_2 排放量	－1.36	－2.39	－3.31	－5.04	－6.52
交通运输部门					
铁路运输	－3.24	－5.07	－6.42	－9.19	－13.71
道路运输	－4.11	－5.91	－7.18	－12.73	－23.23
航空运输	－0.80	－1.62	－1.61	－4.08	－17.19
水路运输	－0.78	－0.61	－4.67	－3.54	－4.07
其他运输	－2.63	－6.05	－7.86	－9.05	－18.61
居民部门	－5.70	－6.97	－7.14	－11.99	－16.26

资料来源：笔者根据模型模拟结果计算。

1. 对宏观社会经济及产业部门的增长效应

（1）对宏观社会经济的增长效应。表 6－1 表明，碳税征收后，全社会的能源消耗和二氧化碳排放下降较为显著，而且随着碳税税率的提升，社会总能耗和碳排放的削减程度也随之增加，但宏观经济和等价社会福利等指标均受到不同程度的负面冲击影响。当税率从 60 元/吨提高至 80 元/吨时，能源消耗和碳排放的削减率由 4.64% 和 3.31% 提高至 6.15% 和 5.04%，但 GDP、总投资、社会福利的削减幅度相应由 0.16%、10.60%、11.33% 增加至 0.21%、13.02%、13.25%。究其原因，由于化石能源在交通运输的能源消耗中占绝对比重，能源在行业要素投入中占比较高，碳税征收导致生产成本明显提高，从而影响供给和需求双双下降，进而引致 GDP、总投资和社会福利均呈现一定程度的下降。值得注意的是，当税率从 80 元/吨提高至 100 元/吨时，能源消耗和碳排放的削减率明显降低，但总投资和社会福利的降幅却显著增大，这表明过高的碳税税率将给宏观经济和社会福利带来较大的负面影响。

（2）对产业部门的增长效应。国民经济各行业部门之间客观存在着普遍关联性和复杂的关联路径，交通运输作为国民经济和社会系统运转的基础载体，在发展过程中向其前向部门（建筑业、制造业等）输送中间产品与运输服务，同时也离不开其后向部门（采掘业、金属加工、机械制造业等）所提供中间产品与服务。因此，对交通部门征收碳税不仅会给运输行业带来直接冲击，也势必通过行业关联纽带波及上下游关联行业。

根据上文分析结果，从不同档位的税率对宏观社会经济的影响来看，随着税率的提高节能减排效应明显提升，但对宏观经济和社会福利的负面冲击力度也显著增加，综合来看，碳税税率为 80 元/吨相对较为适宜。依据此标准，分析交通碳税征收对运输部门及相关行业总产出的影响程度。

（a）对运输部门总产出的影响。模拟结果显示（见图 6-1），运输部门的产出在征收碳税的情况下都有所下降，其中受冲击最为显著的是道路运输，产出下降的幅度高达 16.09%，其他依次为水路运输、航空运输、铁路运输及其他运输，产出损失比例分别为 14.24%、8.34%、7.36% 和 5.68%。究其原因，道路运输包括营运性公路运输和城市客运（含出租车运输），其中，城市客运由于可选择的能源类型较为丰富，除了柴油、汽油等化石燃料之外，还包括天然气、乙醇汽油、混合电力等低排放的燃料，尤其是城市轨道交通的大力推行，大大降低了汽柴油的消费比例，因此碳税征收对其运输成本所带来的负面影响较小，除此之外，居民对城市客运还具有刚性需求的特点，因此，碳税征收对其总产出的负面冲击影响也就不大；但营运性公路运输的主要能源消耗品为汽油和柴油，随着碳税的征收，汽柴油成本升高、价格上涨导致营运利润减少，从而引致需求和供给双双下降，进而导致其产出大幅下降；二者综合作用，最终导致道路运输的总产出损失幅度居各种运输方式之首位。

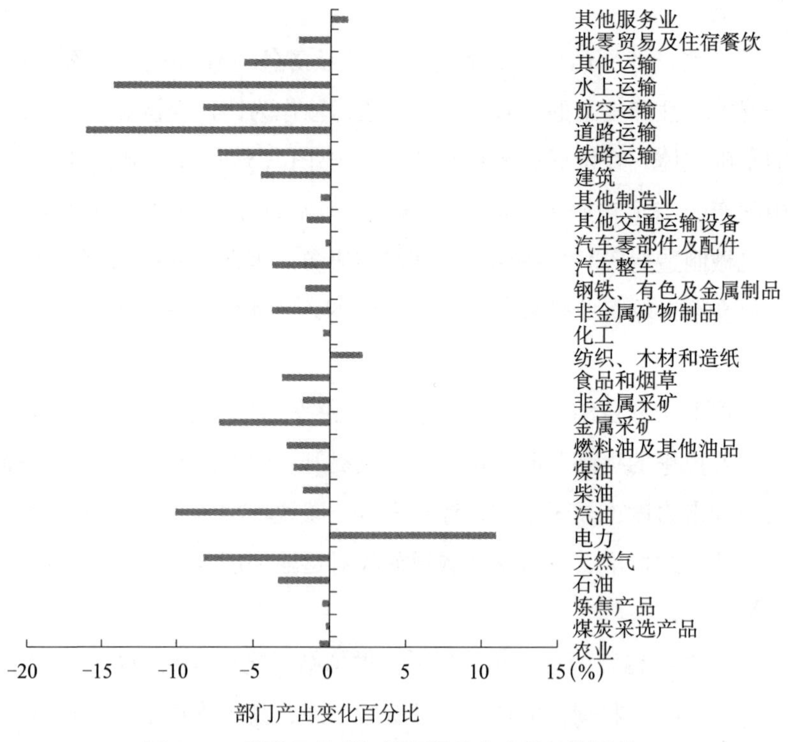

图 6－1　碳税征收对运输部门总产出的短期影响

资料来源：笔者根据模型模拟结果绘制而得。

水路运输和航空运输业主要消耗煤油、航空汽油和航空燃油，其碳排放系数略微低于车用汽油和柴油，因此所受冲击影响偏低于公路运输。铁路运输的主要能源消耗品为电力，但货运所消耗的煤炭和燃油仍占一定的比例，碳税征收引致煤炭和燃油成本升高，价格上涨，导致该部门产出下降。相比较来看，航空运输和铁路运输中的客运占比相对较高，而且居民对高铁及航空出行的刚性需求较大，因此，碳税征收所导致的总产出损失相对较低；水路运输则因其营运性货运占绝对比重，征收碳税所导致的总产出降幅也相应较大。

（b）对相关行业总产出的影响。从投入产出的关系来看，位于产业链上游的行业在生产环节所产生的成本及价格变动，通常以价值的形式转移到其他行业中，同时，位于产业链下游的行业也会因为需求变化而波及上游产业，从而冲击其他行业的供给与需求。但由于不同行业与交通运输业之间的产业关联系数差异较大，不同部门的各级生产函数及要素的替代弹性也不完全相同，因此，所受的波及影响程度也不一致。从图6-1可以看出，电力、纺织造纸与其他服务业产出有所提高；而汽油、原油、煤油、柴油等燃油部门，以及金属采矿、建筑业、非金属矿业、食品烟草及批零贸易等行业所面临的负面冲击较大，总产出下降的幅度在2.13%～10.13%，尤其是汽油行业的产出降幅最大，为10.13%；农业、煤炭采选、炼焦及其他制造业等行业产出下降比例基本不大。究其原因，一方面，由于交通运输业对汽油、柴油等燃油的需求量大，在中间投入中所占比例高，而且碳税征收的直接对象是交通能源消耗所排放的二氧化碳，因此，碳税征收对运输部门能源需求的负面影响直接引致燃油部门产出的较大幅度下降；另一方面，由于金属采矿、建筑业、非金属矿业、食品烟草及批零贸易等行业与交通运输的行业关联度较高，交通运输的成本上升及需求下降会通过后向关联传导至这些行业，从而导致其产量出现不同程度的降幅。值得注意的是，电力部门因为其他化石能源需求的下降而产生了较强的替代效应，其产出增加了10.97%，但在同一税率下，天然气生产部门的产出损失幅度却高达8.26%，说明对不同能源施以同一碳税税率显然不利于清洁能源行业的发展。

2. 对交通运输和居民部门的减排效应

（1）对运输部门的减排效应。从表 6－1 可以看出，碳税征收对不同运输方式的碳排放量的影响程度差异较为显著，其中道路运输的碳排放下降幅度最大，铁路运输次之，水运碳排放下降幅度最小。究其原因，当前中国道路运输对于汽油和柴油的依赖度极高，碳税征收后不但会导致营运性运输因为成本上升而大幅降低化石能源需求，而且也会促使一部分道路运输选择碳排放相对较低的清洁能源，从而引致了其碳排放的较大幅度下降。航空和水运的碳排放下降的幅度相对较小，这与其刚性的运输需求及可替代能源的单一性有关。

从不同碳税税率的影响来看，随着碳税税率的提高，各种运输方式的碳排放下降幅度也相应增加，且高税率情景带来的碳排放下降幅度尤为显著。当税率由 60 元/吨提升至 80 元/吨时，铁路、道路、航空和其他运输方式的碳减排分别由 6.42%、7.18%、1.61% 和 7.86%，提升至 9.19%、12.73%、4.08% 和 9.05%，两档税率的碳减排幅度分别相差 2.77、5.55、2.47 和 1.2 个百分点。特别地，当税率为 100 元/吨时，各种运输方式的能耗碳排放下降的幅度极为显著，与税率为 80 元/吨相比较，铁路、道路、航空、水运和其他运输方式的碳减排分别由 9.19%、12.73%、4.08%、3.54% 和 9.05%，提升至 13.71%、23.23%、17.19%、4.07% 和 18.61%，两档税率的碳减排降幅分别相差 4.52、10.5、13.65、0.53 和 9.56 个百分点，但宏观经济和社会福利的牺牲代价相应也极大，总投资和社会福利的降幅差距由 2.42、3.17 个百分点增加至 5.8 和 4.03 个百分点。可见，交通碳税税率一般不宜高于 80 元/吨，但综合道路和航空运输高油耗高排放的特点可以考虑实行 100 元/吨的税率水平。

（2）对居民部门的减排效应。交通碳税的征收对居民部门的影响与交通运输部门的特点基本类同，但影响程度相对偏大。当碳税税率由

60元/吨提高至80元/吨、100元/吨时，能源消耗降幅分别由7.48%增加至12.67%、16.74%，碳排放降幅分别由7.14%提升至11.99%和16.26%，即这两个档位税率的能耗碳排放降幅效应基本相当，但显著高于其他档位的碳税效应。同样地，综合宏观经济和社会福利的负面效应来看，可以考虑实行不高于80元/吨的碳税税率。

3. 对交通运输和居民部门的能源消费效应

（1）对运输部门的能源消费效应。表6-2展示了碳税征收对交通运输部门化石能源需求的影响。根据模拟结果，在五种碳税税率的情形下，交通运输部门的各种化石能源需求均有一定比例的下降。其中，汽油和柴油消费需求下降的幅度最为显著，当碳税为20元/吨时，汽油和柴油消费需求分别下降14.08%和7.48%；当碳税为80元/吨时，汽油和柴油消费需求降低了25.41%和15.91%；当碳税为100元/吨时，汽油和柴油消费需求分别下降了26.47%和37.62%。但煤炭需求下降幅度相对较小，仅下降5.30%~12.43%，而较为清洁的天然气下降幅度则高达5.12%~15.58%，这可能与化石能源的价格及碳税税率水平有关，在煤炭、石油和天然气采取同一水平的税率情形下，会导致运输部门选择低价的煤炭而放弃价格相对较高但使用不够方便的天然气。另外，电力消费需求因化石能源需求的锐减而迅速上升，当碳税为20元/吨时，运输部门的电力需求增加17.31%；当碳税提升至80元/吨和100元/吨时，电力消费需求则提高至44.24%和140.29%。可见，针对不同类型的能源应采取差异化的碳税税率政策，以促进清洁能源的应用、循环经济的发展以及全社会的实质性节能减排。

表6-2　碳税征收对运输部门化石能源需求的短期影响

变量	碳税税率（元/吨）				
	Tax20	Tax40	Tax60	Tax80	Tax100
相对于2012年基准情景的变化百分比（%）					
煤炭	-5.30	-5.34	-6.21	-10.28	-12.43
炼焦	-5.28	-9.45	-11.21	-12.81	-15.43

续表

变量	碳税税率（元/吨）				
	Tax20	Tax40	Tax60	Tax80	Tax100
相对于2012年基准情景的变化百分比（%）					
原油	-2.76	-5.39	-5.13	-11.91	-13.13
天然气	-5.12	-5.31	-7.59	-10.78	-15.58
汽油	-14.08	-21.82	-22.08	-25.41	-26.47
柴油	-7.48	-13.87	-14.77	-15.91	-37.62
煤油	-2.71	-1.91	-3.10	-4.71	-13.73
燃料油及其他油品	-3.08	-8.69	-4.51	-19.83	-25.92
电力	17.31	23.57	24.07	44.24	140.29

资料来源：笔者根据模型模拟结果计算。

（2）对居民部门的能源消费效应。在居民部门燃料需求的削减方面，如图6-2所示，随着碳税的提高，居民部门的燃油需求逐步下降，其中柴油下降的比例最大，其次为汽油。当碳税为20元/吨时，柴油和汽油的消费需求分别下降21.68%和10.58%；当碳税为80元/吨时，柴油和汽油需求降低了37.45%和31.60%；当碳税为100元/吨时，降幅则分别高达54.15%和32.44%。同样地，碳税征收对天然气和电力消费需求也产生了不同程度的影响，天然气需求大致下降5%左右，电力需求的提升幅度则达15.80%~58.28%。一般而言，居民的汽柴油消费主要用于家庭交通出行，高碳税一方面促使居民部门增加清洁能源消费需求，如新能源汽车的使用；另一方面，也会在一定程度上减少居民的用车用油需求，对于私人货车的柴油需求冲击尤为显著。

总体来看，碳税的征收将对交通运输部门和居民的能源消费结构产生较为深远的影响。碳税的征收导致能源价格提高，这将提高运输部门的生产成本和居民部门的交通出行成本，由此会减少生产和出行需求。与此同时，运输部门还会提高节能减排技术，降低化石能源消耗，并采用清洁替代能源，特别是在我国燃油等能源的需求价格弹性还比较高时，碳税将有效促进能源利用效率的提升，降低单位能耗强度，促进能源消费结构的有效转变。

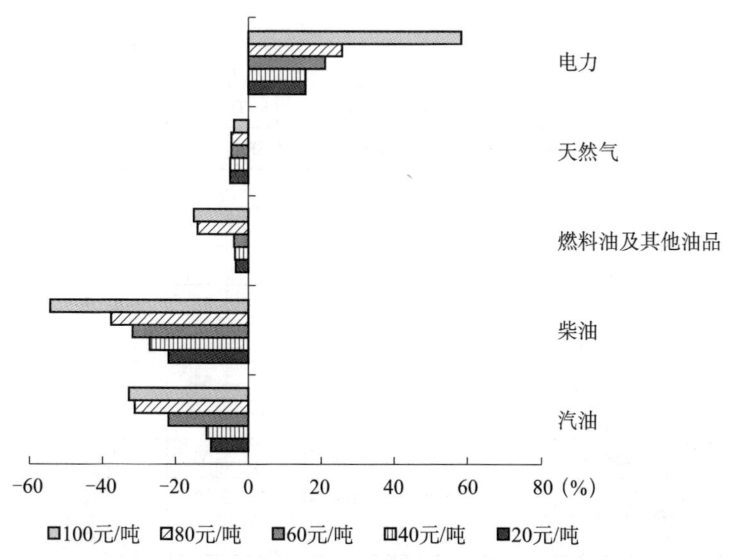

图 6－2　碳税征收对居民部门燃料需求的短期影响

资料来源：笔者根据模型模拟结果绘制而得。

6.1.3　交通碳税长期动态政策效应模拟结果

静态 CGE 模型模拟的短期结果是建立在经济结构变迁不大的基础上，消费者根据当期的价格作出消费决策，它无法模拟政策在下一期对环境和经济的持续冲击影响。为此，在静态模型的基础上，结合劳动力增长与资本积累的动态属性，采用递归动态机制实现 CGE 模型的动态链接，模拟交通碳税征收的长期动态政策效应。根据情景设定的模拟时间跨度，以 2012 年作为基期，引入动态机制生成 2020 年的基准情景，模拟碳税征收对宏观社会经济、能源消费及碳减排等方面的效应，结果如表 6－3 所示。

表 6－3　不同碳税情景下政策效应的长期动态变化

变量	碳税税率（元/吨）				
	Tax20	Tax40	Tax60	Tax80	Tax100
相对于 2020 年基准情景的变化百分比（%）					
增长效应					
支出法 GDP	－0.05	－0.06	－0.18	－0.22	－0.23

续表

变量	碳税税率（元/吨）				
	Tax20	Tax40	Tax60	Tax80	Tax100
相对于2020年基准情景的变化百分比（%）					
总投资	-5.04	-5.87	-7.97	-9.07	-16.32
社会福利	-4.76	-5.79	-6.15	-9.32	-13.35
节能效应					
总能耗	-2.90	-3.76	-5.83	-6.03	-7.71
交通运输部门					
铁路运输	-1.61	-1.76	-2.64	-4.07	-10.20
道路运输	-2.94	-5.72	-8.50	-10.04	-20.64
航空运输	-3.66	-1.25	-6.05	-7.14	-19.07
水路运输	-1.88	-5.30	-5.78	-7.37	-8.55
其他运输	-6.37	-5.46	-4.11	-5.65	-8.98
居民部门	-3.72	-3.98	-5.27	-6.98	-9.68
减排效应					
CO_2 排放量	-1.93	-3.04	-5.24	-5.49	-6.90
交通运输部门					
铁路运输	-1.43	-5.73	-5.87	-7.44	-10.26
道路运输	-2.79	-7.12	-7.83	-9.38	-16.49
航空运输	-3.52	-3.23	-5.49	-6.58	-7.26
水路运输	-1.83	-0.89	-5.65	-7.23	-8.96
其他运输	-5.74	-6.33	-11.34	-12.94	-19.84
居民部门	-1.69	-2.89	-3.59	-7.97	-10.66

资料来源：笔者根据模型模拟结果计算。

1. 对宏观社会经济及产业部门的增长效应

（1）对宏观社会经济的增长效应。从模拟结果来看（见表6-3），引入动态机制后五种情景的碳税征收会使总能耗下降2.90%~7.71%，碳排放下降1.93%~6.90%，但也会使GDP下降0.05%~0.23%，总投资下降5.04%~16.32%，社会福利下降4.76%~13.35%。与短期静态模拟结果相比（见图6-3~图6-6），总能耗与碳排放的下降趋势基本类同，但动态情景下的降幅稍大于静态情景；GDP的长期动态变化趋势相差不大，但随着碳税税率的提高，GDP下降幅度呈现出缩小的趋势；总投资和社会福利的动态变化幅度明显小于静态模拟结果。这表明，碳税征收对宏观社会经济的短期冲击较为显著，但随着时间的推移，长期冲击效应逐渐削减，而且高税率情景下宏观社会经济变量的冲击影响也有所减弱。

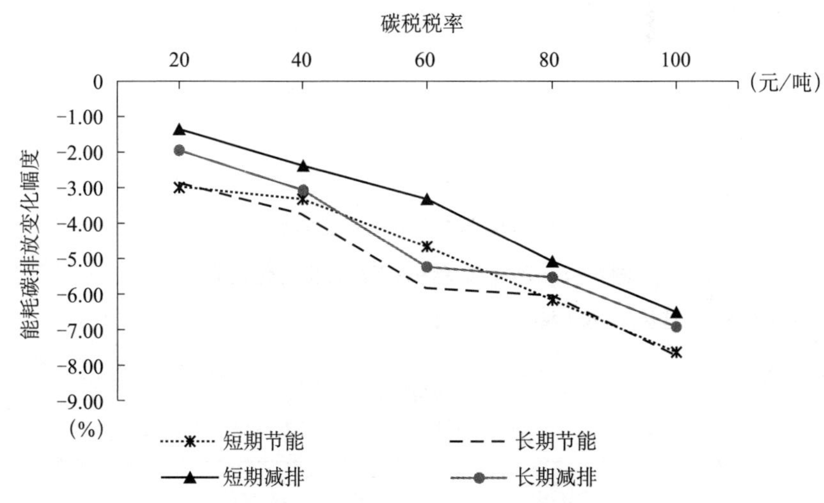

图6－3　不同碳税情景下总能耗和碳排放的变化走势

资料来源：笔者根据模型模拟结果绘制而得。

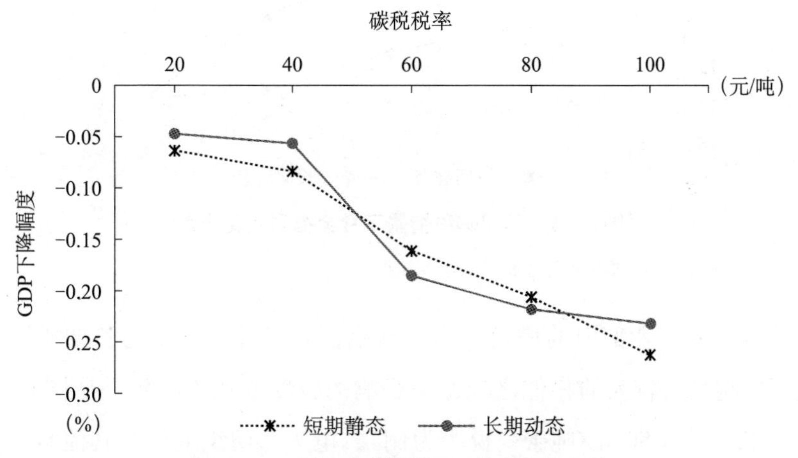

图6－4　不同碳税情景下GDP变化走势

资料来源：笔者根据模型模拟结果绘制而得。

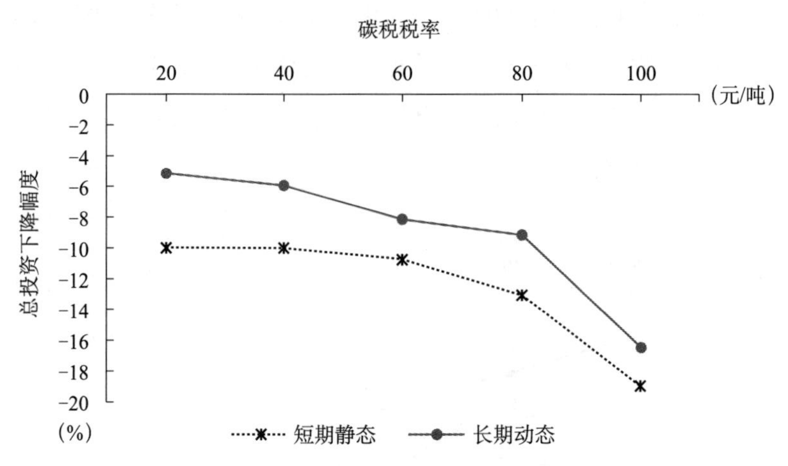

图6-5　不同碳税情景下总投资变化走势

资料来源：笔者根据模型模拟结果绘制而得。

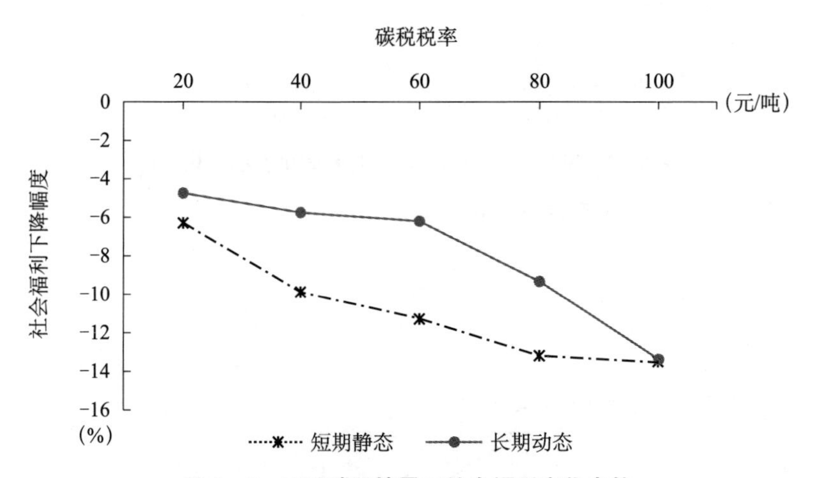

图6-6　不同碳税情景下社会福利变化走势

资料来源：笔者根据模型模拟结果绘制而得。

（2）对产业部门的增长效应。碳税征收对部门产出的长期影响与短期影响具有较大的相似之处，但影响的幅度变化不一致。从图6-7结果来看（以80元/吨碳税税率为例），电力、纺织造纸及其他服务业增产的比例有所扩大；汽油、柴油、燃料油等燃油部门，以及与交通运输行业关联度较高的制造业、金属采矿、非金属矿物等行业的产出损失幅度明显减弱，这表明随着时间的推移，交通碳税对产业部门的长期冲击负效应逐渐减缓。

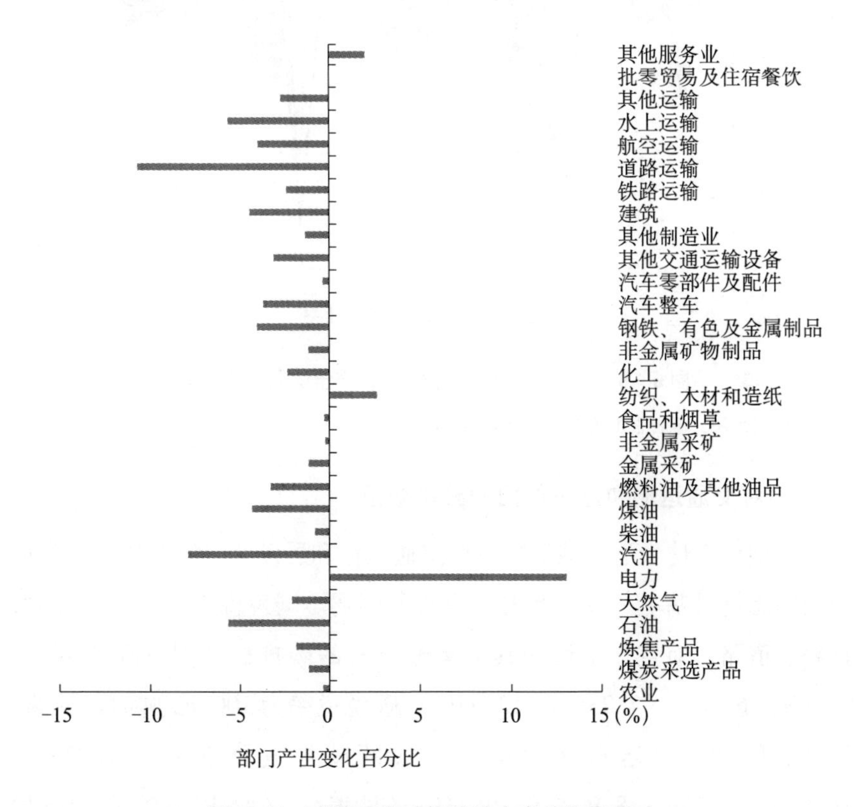

图 6-7　碳税征收对部门总产出的长期影响

资料来源：笔者根据模型模拟结果绘制而得。

从各运输部门产出变化的情况来看（见图 6-8），碳税的长期负面冲击影响力度也明显减弱，同一税率下，道路运输的产出降幅由短期变化的 16.09% 缩小为 10.74%，降幅收窄了 1/3，而铁路、航空及水路运输的产出降幅则收窄了 40% 以上，这可能与经济结构和产业空间布局的大调整，运输方式结构及出行方式的多元化发展，尤其是高铁路网密度的快速增强，导致铁路、道路及航空客运需求大幅增加，同时水路货运需求也大幅增加等原因有关。

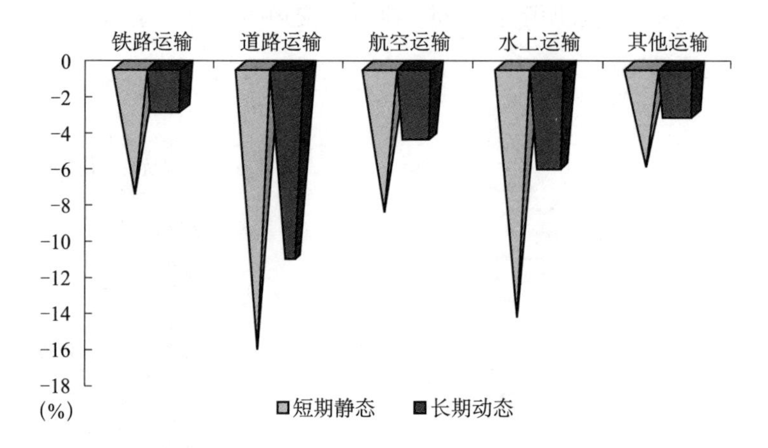

图 6-8　碳税征收对运输部门总产出的长短期影响

资料来源：笔者根据模型模拟结果绘制而得。

2. 对交通运输和居民部门的减排效应

长期动态情景下，碳税征收对交通运输和居民部门的碳减排变化情况与静态情景基本一致但冲击效应有所削弱。碳税税率为 80 元/吨时，铁路、道路、航空、水运和其他运输方式的碳排放分别下降 7.44%、9.38%、6.58%、7.23%和 12.94%；碳税税率为 100 元/吨时，铁路、道路、航空、水运和其他运输方式的碳排放分别下降 10.26%、16.49%、7.26%、8.96%和 19.84%（见表 6-3）。以 100 元/吨碳税为例，与静态情景对比，长期动态情景下水路和其他运输方式的碳减排力度有所提升，但铁路、道路和航空运输的碳减排幅度分别减少了 3.45、6.74 和 9.93 个百分点，居民部门的碳减排幅度也由 16.26%下降为 10.66%。

3. 对交通运输和居民部门的能源消费效应

长期动态情景下，交通运输和居民部门的化石能源需求量削减程度依然随着碳税税率水平的提高而提高（见表 6-4 和图 6-9），但随着时间的推移，不同类型的能源削减程度差异较大。

表6-4　　　　碳税征收对运输部门化石能源需求的长期影响

变量	碳税税率（元/吨）				
	Tax20	Tax40	Tax60	Tax80	Tax100
相对于2020年基准情景的变化百分比（%）					
煤炭	-6.30	-5.66	-13.70	-13.68	-14.32
炼焦	-5.82	-9.65	-12.06	-12.03	-15.19
原油	-1.33	-5.74	-7.19	-10.34	-13.82
天然气	-0.25	-0.43	-0.50	-0.74	-0.85
汽油	-1.42	-1.24	-1.49	-1.92	-3.77
柴油	-1.61	-1.73	-1.14	-1.69	-7.62
煤油	-5.20	-5.99	-8.63	-9.79	-13.20
燃料油及其他油品	-2.15	-5.59	-4.21	-4.23	-9.18
电力	9.19	15.61	24.05	53.86	178.38

资料来源：笔者根据模型模拟结果计算。

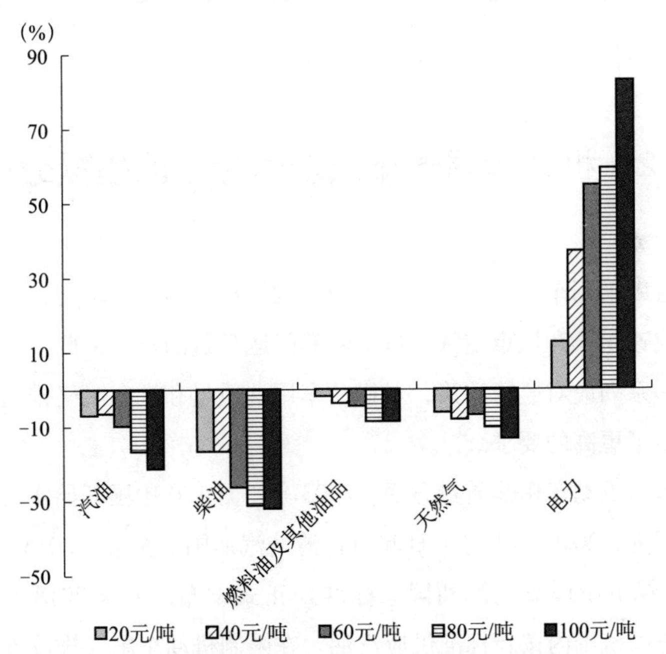

图6-9　碳税征收对居民部门燃料需求的长期影响

资料来源：笔者根据模型模拟结果绘制而得。

与静态情景相比，随着碳税税率水平的提高，煤炭、焦炭和石油的变化趋势基本类似，电力需求持续上升，但汽油、柴油、燃料油等燃油的削减程度明显下降。以 80 元/吨碳税税率为例，静态情景下运输部门的汽油、柴油和燃料油削减率分别为 25.41%、15.91% 和 19.83%，但动态情景下的削减率仅为 1.92%、1.69% 和 4.23%；同等税率下，居民部门的汽油、柴油和燃料油削减率也分别由 31.60%、37.45% 和 13.83%，下降为 16.62%、31.10% 和 8.49%。这表明当前的碳税税率在短期内对于燃油消费需求可以产生较为显著的抑制作用，但长期的影响程度逐步被缓和，其中的原因可能与机动车的快速增长及运输需求的迅猛增加有关。随着经济的稳步发展、居民生活水平的快速提高及网购物流运输的指数级增长，私家车出行需求和货运需求迅猛增加，由此带来的燃油刚性需求对较低税率的敏感性可能不够高，未来需要适度调高碳税税率以抑制运输燃油需求量的快速增长并改善交通运输的能源消费结构。

6.2 机动车尾气排放限值标准的模拟分析

随着以乘用车为主的机动车普及率的持续提高，汽车交通产生的能源消费快速增长和城市空气质量下降等问题日益凸显。为此，国家积极出台了一系列应对监管政策，对机动车用油质量和汽车尾气排放限值标准都提出了更高的要求。

在提高机动车用油质量方面，2003 年 1 月 1 日中国开始实行车用无铅国Ⅰ标准，2010 年 1 月 1 日起执行清洁汽油国Ⅱ标准，2013 年 12 月 18 日，《第五阶段车用汽油国家标准》正式发布，要求 2018 年 1 月 1 日起在全国范围内按新标准供应汽油。在限制机动车尾气排放方面，汽车尾气排放限制标准（欧洲排放标准）于 1999 年引进，2001 年，以轻型汽车为对象，制定、公布了相当于欧洲汽车排放标准的“国Ⅰ标准”，2013 年 9 月 17 日《轻型汽车污染物排放限值及测量方法》（国Ⅴ

标准）正式发布，并于 2017 年 7 月 1 日开始全面实施。2018 年 6 月 28 日，生态环境部发布了《重型柴油车污染物排放限值及测量方法（中国第Ⅵ阶段）》（国Ⅵ标准），于 2019 年 7 月 1 日开始实施。新国标实施的目的主要是降低机动车尾气排放，尤其是一氧化碳、碳氢化合物、氮氧化物和总颗粒物等有害气体的排放。同时，新国标融合了欧标和美标的先进之处，对机动车污染物排放提出了史上最严的标准，并首次提出了排放和油耗联合管控的理念，要求在测试发动机污染物排放时，必须同时测定其 CO_2 排放水平和燃油消耗量，为我国移动源常规污染物和温室气体的协同控制打开了新思路，但严苛标准的升级会引致车企研发成本和消费者购车及使用成本的提高，从而抑制汽车行业的整体发展并对宏观经济产生影响。

6.2.1 模拟方案设计

模拟机动车尾气排放限值标准的变动对我国宏观经济、能源消耗、碳减排及社会福利的影响，需要将政策的变动通过设定变量及系数值引入 CGE 模型。具体来说，机动车排放标准与燃油质量、发动机的燃烧状况直接相关，燃油质量标准的提高要求炼油企业必须进行技术改进和设备更新，汽车制造业则需要必须投入研发成本，改进汽车零部件，例如提高发动机的燃油性能、提高车载自动诊断系统（on board diagnostics，OBD）的敏感度等，以符合国标标准。根据行业专家预测，国Ⅴ标准的提高将导致汽油生产成本上升 0.5 元/升（按照当前 92 号汽油和 95 号汽油均价，约提高 7 个百分点）[①]，汽车零部件生产成本约上升 4 个百分点[②]（柳青，2016）。相比国Ⅴ标准，国Ⅵ标准的技术难度更大，对发动机行业的挑战也更为严峻，车企所需要进行的技术升级及成本增

① 据中国石油勘探开发研究院专家访谈，成本数据为每升汽油成本增加 0.5 元，柴油类似。计算方法为按照当前 92 号和 95 号汽油均价，每升汽油成本增加 0.5 元，即增加 7% 左右。

② 据北京汽车制造厂整车工程师访谈，尾气排放政策变动会导致车辆生产成本提升 4% 左右。

加的也更多，为简化起见，在实际模拟过程中，仍参考国Ⅴ标准的政策成本，通过冲击汽油精炼（汽油、柴油、煤油及燃料油等）和汽车零部件行业的生产成本将外生变量标准引入模型。综合国Ⅵ标准的实施时间和模拟拟合的时间跨度，将模型中变量冲击时点设定为 2020 年。

6.2.2 模拟结果

1. 对宏观社会经济的影响

国Ⅴ和国Ⅵ标准实施的目的是促进汽车节能减排技术的提高，以提高发动机燃油效率和整车油耗水平，抑制机动车尾气排放。同时，伴随着燃油质量和发动机性能的提高，机动车单位里程的燃油消耗量也会因为燃油利用效率的提升而降低，进而削减其 CO_2 排放量，但也会因为生产和使用成本的提高而对宏观社会经济带来一定的冲击影响。鉴于此，本书分别从 CO_2 排放、GDP、总投资和社会福利等角度模拟国Ⅵ标准实施所带来的减排效应及其对宏观社会经济的影响，结果如图 6－10 所示。

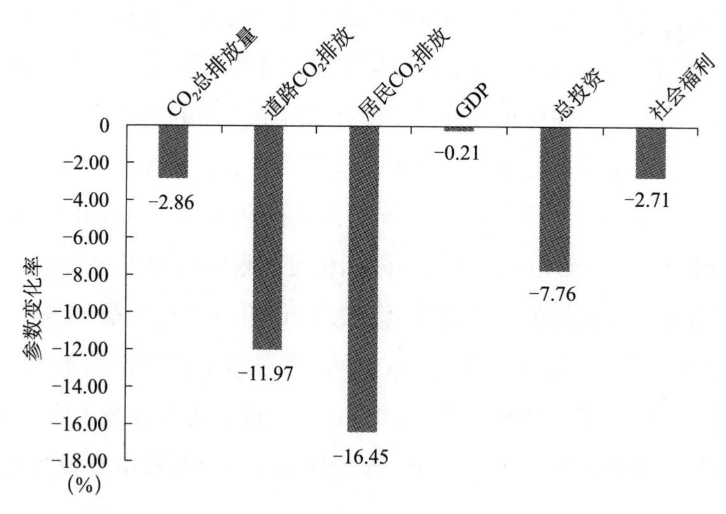

图 6－10　机动车尾气排放限值标准提高的模拟结果

资料来源：笔者根据模型模拟结果绘制而得。

从模拟结果来看，机动车尾气排放限值标准的提高，对道路运输和居民部门的碳排放削减幅度分别达到了11.97%和16.45%，大体接近对交通运输征收80元/吨碳税的动态政策情景，但二氧化碳排放总量的削减幅度为2.86%，小于40元/吨碳税的动态政策情景。从政策实施成本来看，GDP、总投资和社会福利的下降幅度分别为0.21%、7.76%和2.71%，均小于80元/吨碳税的动态政策情景。究其原因，机动车尾气排放限值标准的提高将直接遏制道路运输和居民乘用车的碳排放，但由于汽油精炼和机动车零部件生产成本受到正向冲击，一方面增加了消费者的购车和使用成本导致行业消费需求有所下降；另一方面也会因为生产成本的提高而抑制机动车保有量的增长速度，进而对宏观经济和社会福利带来一定的负面冲击效应，但作用效果稍弱于高碳税政策情景。

2. 对行业部门产出的影响

机动车尾气排放标准的提高会抑制大多数行业的发展，它不但直接影响了汽油精炼和汽车零部件业的产出，也会因为行业关联影响相关行业。

（1）受直接冲击行业的产出变化。从模拟结果来看（见图6-11），29个行业的产出总体呈现出下降态势，其中，受直接冲击最大的是汽油精炼行业和汽车零部件行业，产出下降幅度分别为6.19%和6.04%。究其原因，一方面，机动车尾气排放标准的提高直接导致汽油精炼行业和汽车零部件两个行业的生产成本增加，产品价格上涨从而引起供求双双下降，进而引致部门产出的降低；另一方面，由于投入产出的直接消耗关系，两个行业的受损通过中间产品与服务的转移，进一步影响各自的上下游行业，例如，由于汽车零部件行业的成本与价格上升，使用其产品作为中间投入的下游汽车制造业及道路运输业，产出受损程度分别为4.21%和3.48%。同时，该行业直接消耗的上游原材料供应业，如金属加工、机械制造及橡胶（化工）等行业也会因为汽车零部件行业的需求减少及精炼汽油价格上升而受损，导致总产出下降幅度为0.59%~1.94%左右。

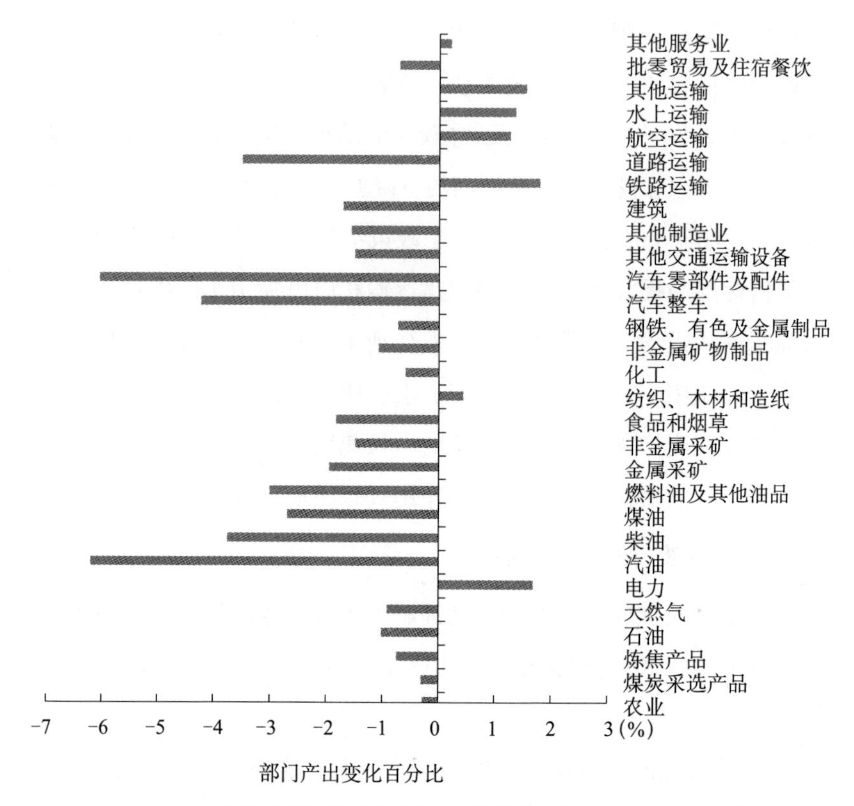

图 6－11　机动车尾气排放新国标政策情景下各部门的产出变化

资料来源：笔者根据模型模拟结果绘制而得。

（2）受间接冲击行业的产出变化。由于产业关联的作用，机动车尾气排放新国标的实施还会间接影响相关行业的生产。首先，新国标的实施对燃油品质提出了更高的要求，它在直接影响汽油精炼行业的生产成本和价格上升的同时也对其他油品产生了波及影响（见图 6－11），导致柴油、煤油、燃料油及其他油品的成本价格提高并引致其产出分别下降 3.7%、2.7% 和 3.01%，值得一提的是，由于化石能源的供求和需求下降引致了清洁能源电力的需求上升并增产 1.7%；其次，建筑业、食品烟草行业及农林渔牧业等行业主要依赖发达的交通运输网，尤其是道路运输搭建生产与消费的桥梁，这些部门产出的下降很大程度上是由于运输供给的下降而间接导致的。另外，新国标的实施并不会伤及所有行业，相反地，由于道路运输的供求下降反而导致了铁路、航空、水运及其他运输方式的需求及产量出现了不同幅度的上升，各部门产出增幅分别达1.78%、1.27%、1.37%和1.55%，除此之外，纺织木材及其他服务业的产出也略有扩张，这可能与这些行业对能源及运输行业的依赖及关联度相对偏弱等原因有关。

6.3 交通碳税与机动车尾气排放限值标准叠加效应的模拟分析

一般来讲，在强化油耗规制和尾气排放规制等技术标准的同时，实施燃油碳税等相关税制，是最具有效率的政策体系（孙林，2011）。实际上，监管政策的实施也不可能是单项的，往往是在已实施政策的基础上施加新的政策。为此，进一步对碳税和机动车尾气排放限值标准两项政策组合实施的效应进行模拟和评估。

6.3.1 模拟情景设定

机动车尾气排放限值标准的实施，是在生产阶段对精炼汽油、机动车及其零部件制造厂商提出了技术改善的更高要求，交通碳税的征收则是在使用阶段通过增加消费者的税负，缓解交通运输及机动车使用的“外部性问题”，两种监管政策的组合效应模拟更能满足多样性政策目标的预判。综合单项监管政策的模拟情况，在机动车尾气排放限值标准的基础上，设定五种税率的组合效应模拟情景（见表6-5）。

表6-5 组合政策模拟的情景设定

编号	情景设计
S0	基准情景，无政策
S1	实施机动车尾气排放国Ⅵ标准
S2	S1+实施20元/吨的碳税政策

续表

编号	情景设计
S3	S1 + 实施 40 元/吨的碳税政策
S4	S1 + 实施 60 元/吨的碳税政策
S5	S1 + 实施 80 元/吨的碳税政策
S6	S1 + 实施 100 元/吨的碳税政策

资料来源：笔者整理制表。

表 6－5 所示的情景 S0 为基准情景，即 2020 年政策实施之前的模型状态，作为各项政策情景对比的基础；情景 S1 为 2020 年机动车尾气排放国Ⅵ标准实施的情景，目的是评估在生产阶段单独实施机动车尾气排放规制型政策的效果；S2～S6 表示在 S1 基础上实施不同碳税税率的政策情景，目的是研究在生产阶段和使用阶段同时实施多种政策的叠加效应，并考察不同碳税税率的政策差异和效果。

6.3.2 模拟结果

1. 二氧化碳减排效应

模拟情景 S1～S6 是检验在实施机动车尾气排放限值标准的前提下，逐步提高碳税税率的组合政策情景。通过模拟结果可以发现（见图 6－12），在全社会 CO_2 减排方面，组合政策的叠加效果明显高于单项尾气排放限值标准或单项碳税政策。具体地，在组合政策 S2～S6 模拟情景下，二氧化碳的削减率分别为 4.50%、5.11%、8.55%、12.30% 和 12.34%（情景 S5 与 S6 的 CO_2 削减水平非常接近），远大于单项尾气排放限值标准情景（S1，2.86%），且为单项碳税政策效果的两倍左右（1.93%、3.04%、5.24%、5.49% 和 6.90%）。

从部门影响来看（见图 6－13），组合政策的叠加效果同样高于单项尾气排放限值标准或单项碳税政策。以情景 S5 为例，道路运输和居民部门的 CO_2 减排率分别为 27.29% 和 36.06%，而单项尾气排放限值标准情景下（S1）的 CO_2 减排率分别为 11.97% 和 16.45%，单项碳税政策的碳减排率相对则更低，仅为 9.38% 和 7.97%。

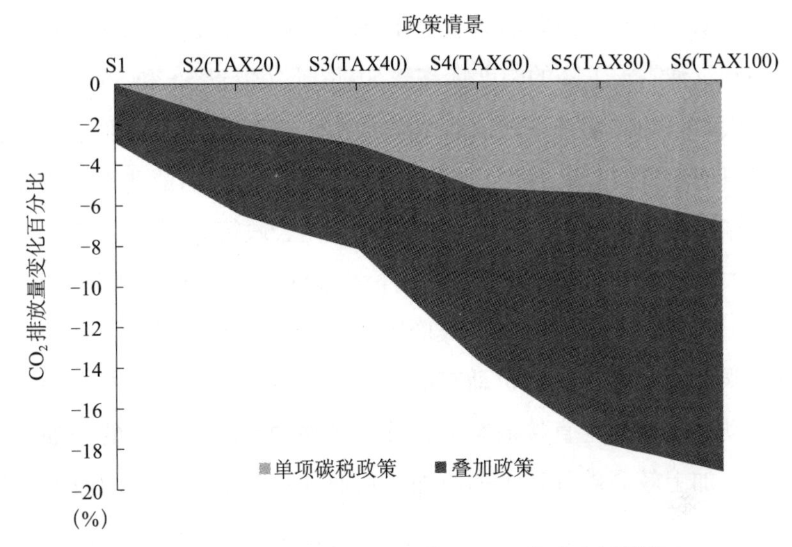

图6－12　单项碳税与组合政策对 CO_2 排放总量的影响

资料来源：笔者根据模型模拟结果绘制而得。

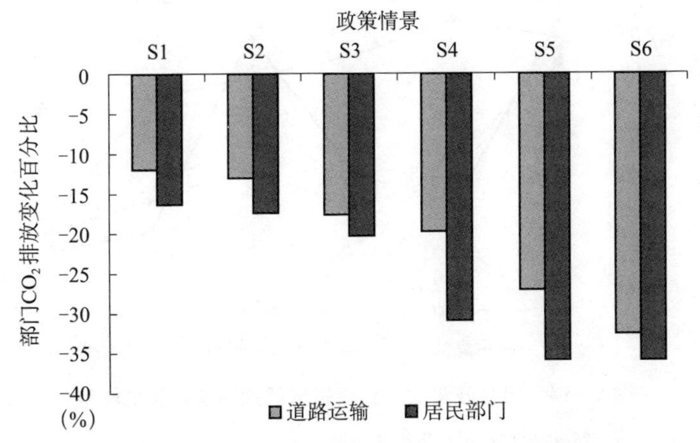

图6－13　组合政策对道路运输和居民部门 CO_2 排放的影响

资料来源：笔者根据模型模拟结果绘制而得。

2. 燃油消费效应

组合政策的实施对道路运输和居民部门的燃油消费也产生了较为显著的影响，但不同油品的变化幅度差异加大（见图6－14、图6－15）。其中，受影响最大为柴油，其次为汽油，煤油和燃料油所受的影响则相对较小。从道路运输的燃油需求变化来看，组合政策 S2 ~ S6 模拟情景下柴油和汽油需求下降的幅度远高于 S1 情景（情景 S5 和 S6 节能效果相差不大），但 S4 情景下煤油消费需求基本与 S1 相当，特别地，S2 情景下燃料油消费需求反而比 S1 更低；居民部门的燃油消费需求变化情况与运输部门略有不同，与 S1 情景相比，组合政策 S2 情景下燃油需求变化不大，但 S3 ~ S5 组合政策情景下各种油品需求的降幅非常明显，情景 S6 与情景 S5 的燃油消费效应则相差较小。究其原因，机动车尾气排放限值政策除了影响机动车的发动机与零部件经济成本之外，还会对机动车用油产生直接的影响，首当其冲的是轻重型车的柴油和汽油消费，加上较高碳税政策的叠加，从而导致其消费需求的较大幅度下降。

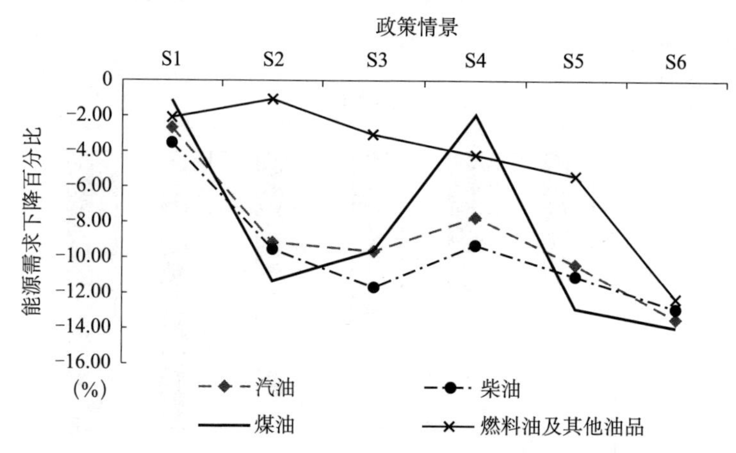

图 6－14　组合政策对道路运输部门燃油消耗量的影响

资料来源：笔者根据模型模拟结果绘制而得。

3. 宏观经济的增长效应

从组合政策对宏观经济和社会福利的影响来看（见图 6－16），组合政策 S2 ~ S6 模拟情景下，GDP 下降的幅度相对较小，分别为 0.37%、0.41%、0.59%、0.66% 和 0.82%；但投资和社会福利所受的负面冲击影响较大且远远超于单项政策（S1），尤其是在 S6 组合政策情景下，总投资和社会福利分别下降25.67%和20.96%，比S5组合政策情景所带来的负面影响高出近50%，且为S1单项政策情景负面效果（总投资和社会福利分别下降7.76%、2.71%）的2~10倍左右。其原因与模型静态情况类似，征收高税率碳税使得企业生产成本大幅度提高，产品价格上涨，居民需求大量下降，导致总投资和社会福利的降幅扩大。

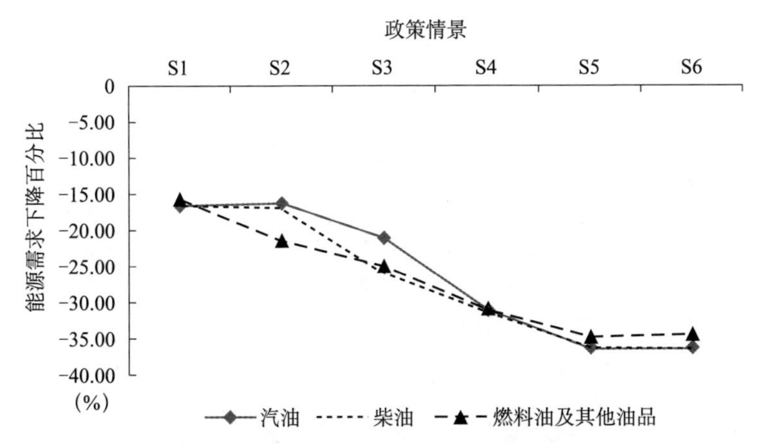

图6－15 组合政策对居民部门燃油消耗量的影响

资料来源：笔者根据模型模拟结果绘制而得。

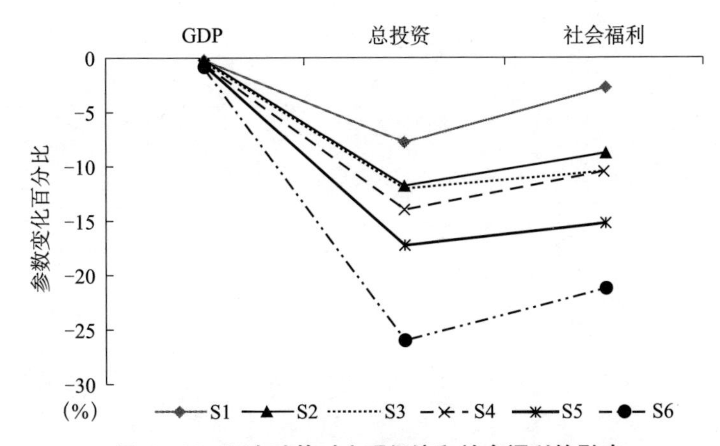

图6－16 组合政策对宏观经济和社会福利的影响

资料来源：笔者根据模型模拟结果绘制而得。

综合来看，随着组合政策的碳税税率提升，对各宏观经济指标和社会碳排放总量的变化影响更大，但相比较来说，S5 组合政策情景下（碳税税率为 80 元/吨）的节能减排效应与情景政策 S6 较为接近，而从政策实施的成本来看，将更小于情景政策 S6 的水平，可视为最适宜的碳税税率组合政策。

第7章　研究结论与政策启示

7.1　主要结论

本书参考IEA统计口径，基于运输方式的视角并补充私家车等非营运运输，依据“自上而下”和“自下而上”模型，对我国交通碳排放进行了全面和系统的统计测算，并运用改进的对数平均Divisa指数（LMDI）方法对我国交通碳排放进行因素分解，探析影响交通碳排放的重要社会经济驱动因子及其贡献率；在此基础上，以2012年IO表为依据编制社会核算矩阵（SAM）作为基础数据库，将交通能源消耗碳排放、环境及经济等因素纳入一个整体框架中，构建一个包括29部门的动态CGE模型，设计交通碳税征收和机动车尾气排放限值新国标两项监管政策的单项及组合政策情景，模拟分析了不同税率的交通碳税政策、机动车尾气排放新国标政策对经济增长、社会福利、交通节能减排的短期和长期单项效应及叠加效应。基于本书的模拟与研究结果，可以得出以下几点主要结论。

1. 交通运输能源消耗碳排放增长态势迅猛，且我国当前统计口径明显低估

经济的快速发展、人民生活水平的持续提高和城市化进程的不断加快等原因导致了交通运输能源消耗碳排放的迅猛增长，1995～2016年间我国交通碳排放增长了近14倍，年均增长率超过13%，远高于同期经济增长率及全社会碳排放增长率，其中道路运输碳排放占比超过

85% 以上。需要说明的是，依据我国当前统计口径，2016 年交通碳排放量仅比 1995 年增加了 5 倍左右，明显低于 IEA 统计口径测算的结果。可见，由于未统计私人车辆及社会其他部门等非营运运输的能源消耗，导致当前我国交通碳排放统计结果明显偏低于实际水平，尤其在私人汽车拥有量迅猛增加的情况下，这部分影响更不容忽视。

2. 在交通碳排放的驱动因子中，交通发展规模效应最强，交通能源结构效应及减排效应极其微弱

从 LMDI 分解效应来看，交通行业经济发展规模的不断扩大是碳排放持续增加的最主要驱动因素，贡献率高达 60% 以上，这与我国交通行业对碳基能源的刚性需求有关，1995～2016 年我国交通业增加值增长了 9.19 倍，但同期交通碳排放总量增长了 13.58 倍，表明我国交通业发展方式仍然是粗放型的，交通发展结构和运输方式亟须调整和优化；能源强度效应对我国现阶段交通碳排放的贡献率表现出正负相间，但累计效应为正，即促进了交通碳排放量的增加，且成为交通业碳排放的第二大驱动因素（贡献率达 35%），这反映了交通业能源利用的整体效率不高，交通节能技术亟待提高；交通减排技术效应同样有正有负，但总体表现为微弱的负效应，累计贡献率为 -0.39%，可以认为是我国交通运输减排技术初步成效的显现。随着近几年我国低碳交通发展的不断推进，交通新能源及清洁能源占比有所提升，交通减排技术对交通碳排放的增加呈现出持续的负效应，即促进交通碳排放量减少，但效应较为微弱。此外，由于我国交通运输业长期以来对汽柴油的刚性需求过大，导致能源结构的碳减排效应也未能显现出来。

3. 交通碳税政策对能源消耗和碳排放的削减效果明显，但政策实施成本较大

随着碳税税率的提高，交通部门、居民部门及全社会的能源需求和碳排放下降幅度相应增加，但政策实施的成本代价也随之加大。当碳税税率由 80 元/吨提高至 100 元/吨时，社会总能耗与 CO_2 排放量的削减幅度由 6.15% 和 5.04% 提高至 7.63% 和 6.52%，但政策实施成本也相应加大，GDP、总投资及社会福利的损失度分别由 0.21%、13.02% 和 13.25%，提高至 0.26%、18.82% 和 13.56%；部门产出方面，各运输部门在征收不同碳税的情况下都有所下降并波及了相关行业，其中受到直接冲击最大的是道路运输，同时，由于行业关联作用，建筑业、金属采矿、建筑业、非金属矿业、食品烟草及批零贸易等行业所受的负面间接波及影响较为显著。从政策作用的时效来看，交通碳税的短期和长期影响趋势表现得较为一致，说明碳税政策的作用效应较为稳定。碳税征收导致的运输成本增加给经济主体带来稳定的预期，因此经济主体能够根据成本变化来调整经济行为，从而在宏观经济层面能够较好地反映能源与环境的稀缺性，最终达到降低我国经济高能耗高碳排放偏好的政策作用效果。综合不同碳税税率的长短期效应，短期的适宜税率大致为 80 元/吨，因为这一税率水平下的节能减排效果较佳且政策成本相对更小（高能耗高碳排放的道路和航空运输可以考虑 100 元/吨的税率）。但长期来看，碳税政策的节能减排效应将逐步被缓和，必须设定较高的碳税税率才能获得较大的削减效果。

4. 不同交通运输部门和不同类型能源的碳税税率应该具有差异性

不同运输方式对能源的依赖及刚性需求不同，碳税政策的作用效果差异也较大，适宜实施差异化的碳税税率。其中，道路（尤其是私家车运输）和航空运输具有高油耗、高碳排及刚性出行需求等特点，短期适合 100 元/吨的较高水平碳税税率，而其他运输部门在 80 元/吨的较低税率水平下即能达到相对较好的节能减排效果。此外，同一税率水平下，不同能源需求的降幅差距较为悬殊，其中汽油和柴油消费需求下降的幅度最为显著，但碳排放系数较低的天然气下降幅度也较大，而高碳排放的煤炭降幅却相对较小，当碳税为 60 元/吨时，汽柴油分别下降了 26.47% 和 37.62%，但较为清洁的天然气降幅也高达 15.58%，比煤炭需求的降幅高出 3 个百分点，这显然不利于低碳交通的发展。可见，对于碳排放系数不同的化石能源不宜采取同一碳税税率。

5. 机动车尾气排放新标准的实施对于减缓道路运输和居民部门的碳排放具有显著效应，但对全社会碳减排的效果相对较弱，对宏观经济的负面影响也相对较小

机动车尾气排放限值标准的提高导致了汽油精炼和汽车零部件行业生产成本以及居民用车成本的提高，政策实施最直接的作用对象为燃油和机动车，因此对道路运输和居民交通碳排放的削减效果较为显著，碳排放削减幅度分别达到了 11. 97% 和 16. 45%，大体接近对交通运输征收 80 元/吨碳税的动态政策情景，但由于机动车碳排放占社会碳排放总量的比例大致为 20% 左右，新标准实施对全社会 CO_2 排放总量的削减效果弱于碳税政策的实施效果。同时，对国民经济及相关行业的负面冲击也相对较小，GDP、总投资和社会福利的下降幅度分别为 0. 21%、7. 76% 和 2. 71%，小于 80 元/吨碳税的动态政策情景。部门产出方面，受直接冲击最大的是汽油精炼行业和汽车零部件行业，产出损失分别为 6. 19% 和 6. 04%，其次为汽车制造业及道路运输业，产出降幅分别为 4. 21% 和 3. 48%，相关行业产出的负面间接冲击幅度大致在 0. 28% ~ 3. 02%，即汽油精炼、汽车零部件及道路运输行业本身及其关联紧密的行业所受的负面冲击力度较大。

6. 组合政策的叠加效果显著高于单项尾气排放限值标准或单项碳税政策，而且较高水平的碳税税率组合政策更为适宜

无论是在全社会的节能减排方面，还是运输部门或是居民部门的节能减排方面，组合政策的叠加效果都显著高于单项尾气排放限值标准或单项碳税政策，而且随着税率的提高效果越为显著，宏观经济的负面效应也将随着税率的提高而增加。在实施机动车尾气排放新国标的基础上，分别实施 80 元/吨和 100 元/吨的碳税组合政策时，全社会 CO_2 减排率为 12. 30% 和 12. 34%，远高于单项尾气排放限值标准情景的 2. 86%，且为单项碳税政策效果（CO_2 减排率为 5. 49% 和 6. 90%）的两倍左右；道路运输和居民部门的 CO_2 减排率较单项政策同样高出 2 ~ 3 倍。综合政策实施的成本来看，碳税税率为 80 元/吨的组合政策效果最为适宜。

7.2　低碳交通政策优化的对策建议

中国社会经济正处于一个快速发展的时期，随着城市化和机动化水平的不断提高，交通与环境资源的矛盾将日益突出，交通运输的低碳化发展不仅是减缓全球气候变暖的重要途径，也是应对中国未来能源安全的挑战。为此，中国政府积极借鉴发达国家的经验，通过法律法规、技术规制、财政税收及需求控制等政策手段，促进低碳交通发展。但任何政策的成本与效益事关各方的利益或权益，政策的制定、出台与实施不仅是政策制定部门所关心的，也是社会各个阶层所共同关心的问题。本书通过对我国交通碳减排问题的探究及动态 CGE 模型的政策效应模拟分析，所得到的结论对于我国政府与交通管理部门把握交通节能减排的重点、制定与实施相应的低碳交通监管政策，具有一定的理论和现实指导意义。基于研究结论，提出以下相关的政策启示。

1. 强化交通能源技术标准的规制型政策制度建设，大力推进新能源交通工具的使用

驱动因素分解结果表明，交通行业相对滞后的碳减排技术对碳减排量的贡献极不显著。在保持交通业经济适度增长的前提下，提高能源利用效率和减排技术水平是实现交通业低碳发展的关键。这需要加强交通能源技术标准的规制型政策制度建设，大力发展新能源交通工具，加快淘汰高耗能、高碳排放能源结构的交通运输工具和设备，多开发和使用太阳能、生物能等低碳或无碳的可再生能源结构的交通工具，加大交通节能技术的研究及开发投资力度，并对已有的交通运输节能环保先进适用技术与产品进行大力推广应用，以达到节约能源和可持续发展的目的。

2. 加强交通运输节能减排政策法规制度建设，完善交通能源消耗和碳排放的统计体系

要实现交通碳排放与经济增长的脱钩关系，必须加强交通运输节能减排政策法规制度建设，根据产业调整严格执行节能和环保准入标准，并积极开展“低碳交通”引领交通运输现代化的前瞻性政策研究。同时，应用脱钩指数对交通业经济增长与碳排放的关系进行动态监测，以控制交通 CO_2 排放量的过快增长，实现交通业低碳可持续发展。此外，目前的交通运输能耗碳排放统计数据严重低估了交通运输的总能耗及碳排放水平，为了给决策提供科学准确的依据并与国际统计口径接轨，需要尽快完善我国的交通能源消耗统计口径与统计方法。

3. 在开征交通碳税的情况下，短期宜选择税率为 80 元/吨左右的较低碳税组合政策，长期则应逐步加大政策力度

如果从能源消耗和碳排放的削减力度着眼，高碳税税率的组合政策效果明显更佳，但如果考虑到政策实施的成本，例如经济增长和社会福利的影响等，则必须平衡政策目的与政策成本。在机动车尾气排放新国标实施的同时开征交通碳税，短期可考虑选择 80 元/吨左右的碳税组合政策，因为这一碳税水平下，能达到相对较好的节能减排效果而且 GDP、社会总产出和社会福利下降的幅度相对较小。但长期来看，中国交通运输高能耗高排放的发展模式仍将继续，为确保低碳交通政策的可持续性，碳税税率应适度调高；同时，不宜将政策焦点集中于单一政策的实施，而是有必要引入适宜的多重政策组合，并考虑出台对企业减税或将碳税收入返还给居民等措施来缓解宏观社会经济的负面效应，以实现经济效应与环境效应的双赢。

4. 实行部门差异化和能源类型差异化的碳税税率，促使各部门达到自身最优的减排效果

不同的交通部门分别适应不同水平的碳税税率，所以在今后的政策实行中，考虑部门差异化税率是不可或缺的。实行税率“一刀切”的政策并不能达到部门效率最大化，甚至可能导致截然相反的效果。对交通业不同行业部门和不同类型的化石能源采用适宜税率，应成为政策实施的一大重要考虑因素。

5. 低碳交通政策的制定和实施应权衡各方面的影响效应，要从交通可持续发展的战略高度综合施策

低碳交通监管政策的初衷是节约能源和缓解环境污染，但由于产业与部门之间的系统性和关联影响，政策实施在经济系统中具有一般均衡的影响效应，很难作为一项孤立的政策进行考虑，因此低碳交通监管政策的制定和实施需要一个系统性、整体性的战略框架，实施多重组合的低碳交通政策体系。但在可供选择的政策实施之前，最重要的是明确政策实施的目标，权衡政策实施的综合成本，站在交通可持续发展的全局高度进行研究和推进，以实现交通节能减排目标与经济增长目标的相融。

参考文献

[1] 白娟. 我国低碳交通运输政策的国际经验借鉴 [J]. 交通企业管理, 2016, 31 (8): 75 – 76.

[2] 蔡博峰, 曹东, 刘兰翠. 中国交通二氧化碳排放研究 [J]. 气候变化研究进展, 2011, 7 (3): 197 – 203.

[3] 蔡博峰, 冯相昭. 中国交通领域的低碳政策与行动 [J]. 环境经济, 2011 (10): 38 – 45.

[4] 蔡博峰, 冯相昭, 陈徐梅. 交通二氧化碳排放和低碳发展 [M]. 北京: 化学工业出版社, 2012.

[5] 陈丹. 促进我国发展低碳交通的法律对策研究 [D]. 沈阳: 东北大学, 2014.

[6] 陈建华, 刘学勇, 秦芬芬. CGE 模型在交通运输行业的引入研究 [J]. 北京交通大学学报 (社会科学版), 2013, 12 (3): 31 – 36.

[7] 陈诗一. 中国各地区低碳经济转型进程评估 [J]. 经济研究, 2012 (8): 32 – 44.

[8] 陈文颖, 吴宗鑫. 用 MARKAL 模型研究中国未来可持续能源发展战略 [J]. 清华大学学报 (自然科学版), 2001, 41 (12): 103 – 106.

[9] 范金, 杨中卫, 赵彤. 中国宏观社会核算矩阵的编制 [J]. 世界经济文汇, 2010 (4): 103 – 119.

[10] 范巧. 永续盘存法细节设定与中国资本存量估算: 1952 ~ 2009 年 [J]. 云南财经大学学报, 2012 (3): 42 – 50.

[11] 高颖, 李善同. 基于 CGE 模型对中国基础设施建设的减贫效应分析 [J]. 数量经济技术经济研究, 2006 (6): 14 – 24.

[12] 呙小明，张宗益．我国交通运输业能源强度影响因素研究[J]．管理工程学报，2012，26 (4)：90－99.

[13] 郭正权．基于CGE模型的我国低碳经济发展政策模拟分析[D]．北京：中国矿业大学（北京），2011.

[14] 韩鲁安．旅游地可持续发展理论与实践的探索 [M]．北京：旅游教育出版社，2011.

[15] 何昭丽，孙慧，王雅楠．新疆能源消费碳排放现状及因素分解分析 [J]．资源与产业，2013，15 (4)：75－81.

[16] 贺菊煌，沈可挺，徐嵩龄．碳税与二氧化碳减排的CGE模型[J]．数量经济技术经济研究，2002 (10)：39－47.

[17] 胡秋阳．回弹效应与能源效率政策的重点产业选择 [J]．经济研究，2014，49 (2)：128－140.

[18] 黄体允．低碳交通的内涵及其发展前景探析 [J]．产业与科技论坛，2012，11 (8)：16－18.

[19] 黄英娜，张巍，王学军．环境CGE模型中生产函数的计量经济估算与选择 [J]．环境科学学报，2003，23 (3)：350－354.

[20] 贾顺平，毛保华，刘爽，等．中国交通运输能源消耗水平测算与分析 [J]．交通运输系统工程与信息，2010 (10)：22－27.

[21] 金艳鸣，雷明，黄涛．环境税收对区域经济环境影响的差异性分析 [J]．经济科学，2007 (3)：104－112.

[22] 莱斯特·R. 布朗．生态经济革命——拯救地球和经济的五大步骤 [M]．中国台北：扬智文化事业股份有限公司，1999.

[23] 莱斯特·R. 布朗．生态经济有利于地球的经济构想 [M]．中国台北：台湾东方出版社，2002.

[24] 李虹，熊振兴．生态占用、绿色发展与环境税改革 [J]．经济研究，2017 (7)：126－140.

[25] 李琳娜．低碳交通运输政策节能效果评价实证研究 [D]．西安：长安大学，2014.

[26] 李连成，吴文化．我国交通运输业能源利用效率及发展趋势［J］．综合运输，2008（3）：16－20.

[27] 李娜，石敏俊，袁永娜．低碳经济政策对区域发展格局演进的影响——基于动态多区域 CGE 模型的模拟分析［J］．地理学报，2010（12）：1569－1580.

[28] 李姗姗．发达国家发展低碳交通的政策法律措施及启示［J］．山西财经大学学报，2012，34（S1）：186－189.

[29] 李时兴．经济增长框架下的环境政策研究——基于技术创新的激励机制［D］．天津：天津财经大学，2012.

[30] 李元龙．能源环境政策的增长、就业和减排效应：基于 CGE 模型的研究［D］．杭州：浙江大学，2011.

[31] 良序莹，侯敬雯．高速铁路、公路建设的财政投资效益研究——基于可计算一般均衡（CGE）模型的分析［J］．财贸经济，2012（6）：43－49.

[32] 梁伟．基于 CGE 模型的环境税“双重红利”研究［D］．天津：天津大学，2013.

[33] 林伯强，牟敦国．能源价格对宏观经济的影响——基于可计算一般均衡（CGE）的分析［J］．经济研究，2008，43（11）：88－101.

[34] 刘恒．基于 CGE 模型的碳税征收对中国民航业的影响研究［J］．管理观察，2015（28）：16－32.

[35] 刘伟，李虹．中国煤炭补贴改革与二氧化碳减排效应研究［J］．经济研究，2014，49（8）：146－157.

[36] 刘学．城市低碳交通发展方式与调控政策研究［D］．天津：天津大学，2015.

[37] 刘亦文．能源消费、碳排放与经济增长的可计算一般均衡分析［D］．长沙：湖南大学，2013.

[38] 刘志林，戴亦欣，董长贵，等．低碳城市理念与国际经验［J］．城市发展研究，2009，16（6）：1－7.

［39］柳青，刘宇，徐晋涛．汽车尾气排放标准提高的经济影响与减排效果——基于可计算一般均衡（CGE）模型的分析［J］．北京大学学报（自然科学版），2016，52（3）：515－527.

［40］龙江英．城市交通体系碳排放测评模型及优化方法［D］．武汉：华中科技大学，2012.

［41］娄峰．碳税征收对我国宏观经济及碳减排影响的模拟研究［J］．数量经济技术经济研究，2014，31（10）：84－96＋109.

［42］马成．经济增长、减贫与财政政策选择：一个中国的D－CGE模型［D］．武汉：华中科技大学，2013.

［43］潘浩然．可计算一般均衡建模初级教程［M］．北京：中国人口出版社，2016.

［44］潘家华，郑艳．基于人际公平的碳排放概念及其理论含义［J］．世界经济与政治，2009（10）：6－16＋3.

［45］秦昌才．社会核算矩阵及其平衡方法研究［J］．数量经济技术经济研究，2007，24（1）：17－18.

［46］钱娟．能源节约偏向型技术进步对经济增长、节能减排的影响研究［D］．乌鲁木齐：新疆大学，2018.

［47］瞿凡．中国经济的可计算一般均衡建模与仿真［D］．武汉：华中理工大学，1997.

［48］沈满洪，池熊伟．中国交通部门碳排放增长的驱动因素分析［J］．江淮论坛，2012（1）：31－38.

［49］苏为华．中国海洋经济动态监测预警体系及发展对策研究［M］．北京：中国统计出版社，2014.

［50］孙林．宏观及产业税负变动的CGE模型分析：以上海经济为例［J］．上海经济研究，2011（4）：24－35＋46.

［51］孙林．汽车相关能源、环境和交通政策研究——混合CGE模型的构建和应用［M］．上海：上海社会科学学院出版社，2011.

［52］孙林．基于混合CGE模型的乘用车节能减排政策分析［J］．

中国人口·资源与环境，2012，22（7）：40－48.

［53］孙薇．我国航空公司业节能减排形势评估与措施建议研究［D］．天津：中国民航大学，2014.

［54］王灿，陈吉宁，邹骥．基于 CGE 模型的 CO_2 减排对中国经济的影响［J］．清华大学学报（自然科学版），2005（12）：1621－1624.

［55］王灿，陈吉宁，邹骥．可计算一般均衡模型理论及其在气候变化研究中的应用［J］．上海环境科学，2003（3）：206－212.

［56］王克，王灿，陈吉宁．技术变化模拟及其在气候政策模型中的应用［J］．中国人口·资源与环境，2008（3）：31－37.

［57］王其文，李善同．社会核算矩阵：原理、方法和应用［M］．北京：清华大学出版社，2008.

［58］王瑞军，武旭，胡思继．货物运输能源消耗影响因素［J］．公路交通科技，2013，30（2）：153－158.

［59］王志伟．现代西方经济学流派［M］．北京：北京大学出版社，2002.

［60］魏涛远，格罗姆斯洛德．征收碳税对中国经济与温室气体排放的影响［J］．世界经济与政治，2002（8）：47－49.

［61］魏巍贤，高中元，马喜立．国际油价波动对中国经济影响的一般均衡分析［J］．统计研究，2014，31（8）：46－51.

［62］魏巍贤．基于 CGE 模型的中国能源环境政策分析［J］．统计研究，2009，26（7）：3－13.

［63］肖皓．金融危机时期中国燃油税征收的动态一般均衡分析与政策优化［D］．长沙：湖南大学，2009.

［64］谢守红，蔡海亚，夏刚祥．中国交通运输业碳排放的测算及影响因素［J］．干旱区资源与环境，2016，30（5）：13－18.

［65］宣晓伟．用 CGE 模型分析征收硫税对中国经济的影响［D］．北京：北京大学，1998.

［66］杨楚婧．财税政策对新能源汽车消费的影响研究［D］．长

沙：湖南大学，2018.

[67] 薛俊波，王铮．中国17部门资本存量的核算研究［J］．统计研究，2007（7）：49－54.

[68] 杨颖．我国开征碳税的理论基础与碳税制度设计研究［J］．宏观经济研究，2017（10）：56－63.

[69] 姚昕，蒋竺均，刘江华．改革化石能源补贴可以支持清洁能源发展［J］．金融研究，2011（3）：184－197.

[70] 袁鹏，程施．辽宁省碳排放增长的驱动因素分析——基于LMDI分解法的实证［J］．大连理工大学学报（社会科学版），2012，33（1）：35－40.

[71] 翟凡，李善同．关税减让，国内税替代及其收入分配效应［J］．经济研究，1996（12）：41－50.

[72] 张明．基于指数分解的我国能源相关 CO_2 排放及交通能耗分析与预测［D］．大连：大连理工大学，2009.

[73] 张诗青，王建伟，郑文龙．中国交通运输碳排放及影响因素时空差异分析［J］．环境科学学报，2017（12）：342－352.

[74] 张树伟，姜克隽，刘德顺．中国交通发展的能源消费与对策研究［J］．中国软科学，2006（5）：58－62.

[75] 张树伟．基于一般均衡（CGE）框架的交通能源模拟与政策评价［D］．北京：清华大学，2007.

[76] 张同斌，刘琳．中国碳减排政策效应的模拟分析与对比研究——兼论如何平衡经济增长与碳强度下降的双重目标［J］．中国环境科学，2017，37（9）：3591－3600.

[77] 张欣．可计算一般均衡模型的基本原理与编程［M］．上海：上海人民出版社，2010.

[78] 张元鹏．西方经济学［M］．北京：首都经济贸易大学出版社，2003.

[79] 赵立祥，王宇奇．基于TIMES模型的客运交通低碳化研

究——以北京市为例［J］. 北京理工大学学报（社会科学版），2015，17（5）：50－55.

［80］赵巧芝，闫庆友. 基于投入产出的中国行业碳排放及减排效果模拟［J］. 自然资源学报，2017，32（9）：1528－1541.

［81］郑玉歆，樊明太. 中国CGE模型及政策分析［M］. 北京：社会科学文献出版社，1994.

［82］中国经济的社会核算矩阵研究小组. 中国经济的社会核算矩阵［J］. 数量经济技术经济研究，1996（1）：42－48.

［83］庄贵阳. 低碳经济　中国之选［J］. 中国石油石化，2007（13）：32－34.

［84］周银香. 交通碳排放与行业经济增长脱钩及耦合关系研究——基于Tapio脱钩模型和协整理论［J］. 经济问题探索，2016（6）：41－48.

［85］周银香，洪兴建. 中国交通业全要素碳排放效率的测度及动态驱动机理研究［J］. 商业经济与管理，2018，319（5）：63－75.

［86］周银香，吕徐莹. 中国碳排放的经济规模、结构及技术效应——基于33个国家GVAR模型的实证分析［J］. 国际贸易问题，2017（8）：96－107.

［87］周银香，李蒙娟. 基于IEA统计视角的我国交通碳排放测度与修正［J］. 绿色科技，2017（12）：264－268.

［88］周银香. 交通业碳排放与行业经济增长的响应关系——基于“脱钩”与“复钩”理论和LMDI分解的实证分析［J］. 财经论丛，2014（12）：9－16.

［89］周银香. 基于系统动力学视角的城市交通能源消耗及碳排放研究——以杭州市为例［J］. 城市发展研究，2012，19（9）：99－105.

［90］朱勤，彭希哲，陆志明，等. 中国能源消费碳排放变化的因素分解及实证分析［J］. 资源科学，2009，31（12）：2072－2079.

[91] 邹杰. 电动汽车动力电池管理系统研究与设计 [D]. 长沙: 湖南大学, 2018.

[92] 丹尼斯·米都斯, 等. 增长的极限: 罗马俱乐部关于人类困境的报告 [M]. 李宝恒, 译. 长春: 吉林人民出版社, 1997.

[93] 张维冲, 孟浩, 李维波. 南非清洁能源发展最新及启示 [J]. 全球科技经济瞭望, 2016, 31 (11): 11 -17.

[94] Abdul-Manan, Amir F. N. Uncertainty and differences in GHG emissions between electric and conventional gasoline vehicles with implications for transport policy making [J]. Energy Policy, 2015 (87): 1 -7.

[95] Abler D. G., Rodriguez A. G., Shortle J. S. Parameter Uncertainty in CGE Modeling of the Environmental Impacts of Economic Policies [J]. Environmental & Resource Economics, 1999, 14 (1): 75 -94.

[96] Abrell J. Regulating CO_2 emissions of transportation in Europe: A CGE-analysis using market-based instruments [J]. Transportation Research Part D Transport & Environment, 2010, 15 (4): 235 -239.

[97] Abrell J. Transportation and emission trading—A CGE analysis for the EU 15 [J]. Social Science Electronic Publishing, 2008, 38 (5): 489 - 494.

[98] Acemoglu D., Aghion P., Bursztyn L., et al. The environment and directed technical change [J]. Social Science Electronic Publishing, 2012, 102 (1): 131.

[99] Azadeh A., Ghaderi S. F., Sohrabkhani S. Annual electricity consumption forecasting by neural network in high energy consuming industrial sectors [J]. Energy Conversion & Management, 2008, 49 (8): 2272 - 2278.

[100] Basso L. J., Guevara C. A., Gschwender A., et al. Congestion pricing, transit subsidies and dedicated bus lanes: Efficient and practical solutions to congestion [J]. Transport Policy, 2011, 18 (5): 676 -

684.

[101] Bastani P., Heywood J. B., Hope C. Fuel use and CO_2 emissions under uncertainty from light-duty vehicles in the U. S. to 2050 [J]. Journal of Energy Resources Technology, 2011, 134 (4): 1769 – 1779.

[102] Beghin J., Dessus S., Roland-Holst D., et al. The trade and environment nexus in Mexican agriculture. A general equilibrium analysis [J]. Agricultural Economics, 1997, 17 (2 – 3): 115 – 131.

[103] Brand C., Anable J., Tran M. Accelerating the transformation to a low carbon passenger transport system: The role of car purchase taxes, feebates, road taxes and scrappage incentives in the UK [J]. Transportation Research Part A: Policy and Practice, 2013 (49): 132 – 148.

[104] Brand C., Tran M., Anable J. The UK transport carbon model: An integrated life cycle approach to explore low carbon futures [J]. Energy Policy, 2012, 41 (22): 107 – 124.

[105] Bretschger L., Ramer R., Schwark F. Growth effects of carbon policies: Applying a fully dynamic CGE model with heterogeneous capital [J]. Resource and Energy Economics, 2011, 33 (4): 963 – 980.

[106] Bristow A. L., Tight M., Pridmore A., et al. Developing pathways to low carbon land—Based passenger transport in Great Britain by 2050 [J]. Energy Policy, 2008, 36 (9): 3427 – 3435.

[107] Chaturvedi V., Kim S. H. Long term energy and emission implications of a global shift to electricity-based public rail transportation system [J]. Energy Policy, 2015 (81): 176 – 185.

[108] Chowdhury A., Kirkpatrick C. Development policy and planning: An introduction to models and techniques [M]. London and New York: Poutledge, 1994.

[109] Chun D., Woo C., Seo H., et al. The role of hydrogen energy development in the Korean economy: An input-output analysis [J]. Inter-

national Journal of Hydrogen Energy, 2014, 39 (15): 7627 - 7633.

[110] Conrad K., Schröder M. Choosing environmental policy instruments using general equilibrium models [J]. Journal of Policy Modeling, 2004, 15 (15): 521 - 543.

[111] Creutzig F. Evolving narratives of low-carbon futures in transportation [J]. Transport Reviews, 2016: 1 - 20.

[112] Creutzig F., Kammen D. M. Getting the carbon out of transportation fuels [M]. Cambridge: Cambridge University Press, 2010.

[113] De Borger B., Wuyts B. Commuting, transport tax reform and the labour market: Employer-paid parking and the relative efficiency of revenue recycling instruments [J]. Urban Studies, 2009, 46 (1): 213 - 233.

[114] Devarajan S., Robinson S. The influence of computable general equilibrium models policy [R]. Washington, D C: International Food Policy Research Institute Discussion Paper 98, 2002.

[115] Dhar S., Shukla P. R. Low carbon scenarios for transport in India: Co-benefits analysis [J]. Energy Policy, 2015 (81): 186 - 198.

[116] Doucette R. T., Mcculloch M. D. Modeling the CO_2 emissions from battery electric vehicles given the power generation mixes of different countries [J]. Energy Policy, 2011, 39 (2): 803 - 811.

[117] Dufournaud C. M., Harrington J. J., Rogers P. P. Leontief's Environmental repercussions and the economic structure revisited: A general equilibrium formulation [J]. Geographical Analysis, 1988, 20 (4): 318 - 327.

[118] Emodi N. V., Emodi C. C., Murthy G. P., et al. Energy policy for low carbon development in Nigeria: A LEAP model application [J]. Renewable & Sustainable Energy Reviews, 2017 (68): 247 - 261.

[119] European Commission. Communication from the commission to the council and the European parliament: Results of the review of the com-

munity strategy to reduce CO_2 emissions from passenger cars and light-commercial vehicles [R]. Brussels, Belgium, 2007.

[120] Evans A., Schäfer, A. The rebound effect in the aviation sector [J]. Energy Economics, 2013, 36 (3): 158-165.

[121] Farajzadeh Z., Bakhshoodeh M. Economic and environmental analyses of Iranian energy subsidy reform using Computable General Equilibrium (CGE) model [J]. Energy for Sustainable Development, 2015, 27 (1): 147-154.

[122] Fujino J., Nair R., Kainuma M., et al. Multi-gas mitigation analysis on stabilization scenarios using aim global model [J]. Energy Journal, 2006 (27): 343-353.

[123] Gibbins J., Beaudet A., Chalmers H., et al. Electric vehicles for low-carbon transport [J]. Proceedings of the Institution of Civil Engineers-Energy, 2007, 160 (4): 165-173.

[124] Glomsrod S., Vennemo H., Johnsen T. Stabilization of emissions of CO_2: A computable general equilibrium assessment [J]. Scandinavian Journal of Economics, 1992, 94 (1): 53-69.

[125] Grepperud S., Rasmussen I. A general equilibrium assessment of rebound effects [J]. Energy Economics, 2004, 26 (2): 261-282.

[126] Gudmundsson H., Lawler M., Figueroa M., et al. How does transport policy cope with climate challenges? Experiences from the UK and other European countries [J]. Journal of Transportation Engineering, 2010, 137 (6): 383-392.

[127] Harrison G., Shepherd S. An interdisciplinary study to explore impacts from policies for the introduction of low carbon vehicles [J]. Transportation Planning and Technology, 2014, 37 (1): 98-117.

[128] Hawkins T. R., Singh B., Majeau-Bettez G., et al. Comparative environmental life cycle assessment of conventional and electric vehicles

[J]. Journal of Industrial Ecology, 2013, 17 (1): 53 - 64.

[129] Hermeling C., Loschel A., Mennel T. A new robustness analysis for climate policy evaluations: A CGE application for the EU 2020 targets [J]. Energy Policy, 2013 (55): 27 - 35.

[130] Hickman R., Ashiru O., Banister D. Transitions to low carbon transport futures: Strategic conversations from London and Delhi [J]. Journal of Transport Geography, 2011, 19 (6): 1553 - 1562.

[131] Hickman R., Banister D. Looking over the horizon: Transport and reduced CO emissions in the UK by 2030 [J]. Transport Policy, 2007, 14 (5): 377 - 387.

[132] Hickman R., Saxena S., Banister D., et al. Examining transport futures with scenario analysis and MCA [J]. Transportation Research, Part A (Policy and Practice), 2012, 46 (3): 560 - 575.

[133] Hong S., Chung Y., Kim J., et al. Analysis on the level of contribution to the national greenhouse gas reduction target in Korean transportation sector using LEAP model [J]. Renewable & Sustainable Energy Reviews, 2016 (60): 549 - 559.

[134] Horridge M., Madden J., Wittwer G. The impact of the 2002 - 2003 drought on Australia [J]. Journal of Policy Modeling, 2005, 27 (3): 285 - 308.

[135] Jaskólski M. Modeling long-term technological transition of Polish power system using MARKAL: Emission trade impact [J]. Energy Policy, 2016 (97): 365 - 377.

[136] Karkatsoulis P., Siskos P., Paroussos L., et al. Simulating deep CO_2, emission reduction in transport in a general equilibrium framework: The GEM-E3T model [J]. Transportation Research Part D, 2017 (55): 343 - 358.

[137] Karplus V. J., Paltsev S., Babiker M., et al. Should a vehicle

fuel economy standard be combined with an economy-wide greenhouse gas emissions constraint? Implications for energy and climate policy in the United States [J]. Energy Economics, 2013 (36): 322 - 333.

[138] Karplus V. J., Paltsev S., Reilly J. M. Prospects for plug-in hybrid electric vehicles in the United States and Japan: A general equilibrium analysis [J]. Transportation Research Part A Policy & Practice, 2010, 44 (8): 620 - 641.

[139] Kaufmann V., Jemelin C., Géraldine Pflieger, et al. Socio-political analysis of French transport policies: The state of the practices [J]. Transport Policy, 2008, 15 (1): 12 - 22.

[140] Kemfert C., Welsch H. Energy-Capital-Labor substitution and the economic effects of CO_2 abatement: Evidence for Germany-Science direct [J]. Journal of Policy Modeling, 2000, 22 (6): 641 - 660.

[141] Kishimoto P. N., Zhang D., Zhang X., et al. Modeling regional transportation demand in China and the impacts of a national carbon policy [J]. Transportation Research Record Journal of the Transportation Research Board, 2015, 2454 (1): 1 - 11.

[142] Knittel C. Reducing petroleum consumption from transportation [R]. Cambridge, MA: MIT center for Energy and Environmental Policy Research, 2012.

[143] Koetse M. J., Groot H. L. F. D., Florax R. J. G. M. Capital-energy substitution and shifts in factor demand: A meta-analysis [J]. Energy Economics, 2008, 30 (5): 2236 - 2251.

[144] Lah O. The barriers to low-carbon land-transport and policies to overcome them [J]. European Transport Research Review, 2015, 7 (1): 1 - 11.

[145] Li H., Bao Q., Ren X., et al. Reducing rebound effect through fossil subsidies reform: A comprehensive evaluation in China [J]. Journal of

Cleaner Production, 2017 (141): 305 -314.

[146] Li W., Jia Z., Zhang H. The impact of electric vehicles and CCS in the context of emission trading scheme in China: A CGE-based analysis [J]. Energy, 2016 (119): 800 -816.

[147] Lin B., Zhao H. Technological progress and energy rebound effect in China's textile industry: Evidence and policy implications [J]. Renewable and Sustainable Energy Reviews, 2016 (60): 173 -181.

[148] Liu X., Ma S., Tian J., et al. A system dynamics approach to scenario analysis for urban passenger transport energy consumption and CO_2 emissions: A case study of Beijing [J]. Energy Policy, 2015 (85): 253 -270.

[149] Luukkanen J., Akgün O., Kaivo-oja J., et al. Long-run energy scenarios for Cambodia and Laos: Building an integrated techno-economic and environmental modelling framework for scenario analyses [J]. Energy, 2015 (77): 866 -881.

[150] Ma H., Balthasar F., Tait N., et al. A new comparison between the life cycle greenhouse gas emissions of battery electric vehicles and internal combustion vehicles [J]. Energy Policy, 2012 (44): 160 -173.

[151] Mandell S. Policies towards a more efficient car fleet [J]. Energy Policy, 2009, 37 (12): 5184 -5191.

[152] Matos F. J. F., Silva F. J. F. The rebound effect on road freight transport: Empirical evidence from Portugal [J]. Energy Policy, 2011, 39 (5): 2833 -2841.

[153] Mccollum D., Yang C. Achieving deep reductions in US transport greenhouse gas emissions: Scenario analysis and policy implications [J]. Energy Policy, 2009, 37 (12): 5580 -5596.

[154] Millo F., Rolando L., Fuso R., et al. Real CO_2 emissions benefits and end user's operating costs of a plug-in Hybrid Electric Vehicle

[J]. Applied Energy, 2014 (114): 563 - 571.

[155] Mittal S., Dai H., Shukla P. R. Low carbon urban transport scenarios for China and India: A comparative assessment [J]. Transportation Research Part D, 2016 (44): 266 - 276.

[156] Miyata Y., Shibusawa H., Fujii T. Economic and environmental impacts of electric vehicle society in Toyohashi city in Japan—A CGE modeling approach [C]. Ersa Conference Papers. European Regional Science Association, 2014.

[157] Mlot C. Plant physiology: Plant biology in the genome era [J]. Science, 1998, 281 (5375): 331 - 332.

[158] Moataz El-Said. Growth and distributional effects of trade liberalization and alternative free trade agreements: A Macro-Micro analysis with an application to egypt [D]. Washington, D. C.: George Washington University, 2005.

[159] Mohring H. Optimization and scale economies in urban bus transportation [J]. American Economic Review, 1972, 62 (4): 591 - 604.

[160] Nakamura K., Hayashi Y. Strategies and instruments for low-carbon urban transport: An international review on trends and effects [J]. Transport Policy, 2013 (29): 264 - 274.

[161] Nakata T. Energy-economic models and the environment [J]. Progress in energy and combustion science, 2004, 30 (4): 417 - 475.

[162] Nestor D. V., Pasurka C. A. CGE model of pollution abatement processes for assessing the economic effects of environmental policy [J]. Economic Modelling, 2004, 12 (1): 53 - 59.

[163] Nijkamp P., Wang S., Kremers H. Modeling the impacts of international climate change policies in a CGE context: The use of the GTAP-E model [J]. Economic Modelling, 2005, 22 (6): 955 - 974.

[164] Paltsev S., Karplus V., Chen H., et al. Regulatory control of

vehicle and power plant emissions: How effective and at what cost? [J]. Climate Policy, 2015, 15 (4): 438-457.

[165] Park Y., Ha H. K. Analysis of the impact of high-speed railroad service on air transport demand [J]. Transportation Research Part E, 2006, 42 (2): 95-104.

[166] Parry I. W. H., Small K. A. Should urban transit subsidies be reduced? [J]. American Economic Review, 2009, 99 (3): 700-724.

[167] Pearce D. The political economy of an energy tax: The United Kingdom's climate change levy [J]. Energy Economics, 2006, 28 (2): 149-158.

[168] Plassmann F., Khanna N. Preferences, technology, and the environment: Understanding the environmental Kuznets curve hypothesis [J]. American Journal of Agricultural Economics, 2006, 88 (3): 632-643.

[169] Poudenx P. The effect of transportation policies on energy consumption and greenhouse gas emission from urban passenger transportation [J]. Urban Transport of China, 2008, 42 (6): 901-909.

[170] Pyatt G., Thorbecke E. Planning techniques for a better future [M]. Geneva: International Labor Office, 1976.

[171] Roberts B. M. Calibration procedure and the robustness of CGE models: Simulations with a model for Poland [J]. Economics of Planning, 1994, 27 (3): 189-210.

[172] Robinson S. Pollution, market failure, and optimal policy in an economy wide framework [D]. Agricultural and resource economics working paper, No. 559, University of California, Berkeley, 1990.

[173] Robinson S., Subramanian S., Geoghegan J. Modeling air pollution abatement in a market based incentive framework for the Los Angeles Basin: Economic instruments for air pollution control [J]. Economy & Environment, 1994, 9 (1): 46-72.

[174] Rachel C. Silent spring [M]. London: Penguin Books, 1962.

[175] Sadri A., Ardehali M. M., Amirnekooei K. General procedure for long-term energy-environmental planning for transportation sector of developing countries with limited data based on LEAP (long-range energy alternative planning) and Energy PLAN [J]. Energy, 2014 (77): 831 - 843.

[176] Salter R., Dhar S., Newman, P. Technologies for climate change mitigation-transport Sector, UNEP Risoe centre on energy, climate and sustainable development [M]. Roskilde, 2011.

[177] Sandoval R., Karplus V. J., Paltsev S., et al. Modelling prospects for hydrogen-powered transportation until 2100 [J]. Journal of transport Economics & Policy, 2009, 43 (3): 291 - 316.

[178] Santos G., Behrendt H., Teytelboym A. Part II: Policy instruments for sustainable road transport [J]. Research in Transportation Economics, 2010, 28 (1): 46 - 91.

[179] Schäfer A., Jacoby H. D. Technology detail in a multisector CGE model: Transport under climate policy [J]. Energy Economics, 2005, 27 (1): 1 - 24.

[180] Schwanen T., Banister D., Anable J. Scientific research about climate change mitigation in transport: A critical review [J]. Transportation Research Part A, 2011, 45 (10): 993 - 1006.

[181] Selvakkumaran S., Limmeechokchai B. Low carbon society scenario analysis of transport sector of an emerging economy—The AIM/Enduse modelling approach [J]. Energy Policy, 2015, 81 (1): 199 - 214.

[182] Shoven J. B., Whalley J. Applying general equilibrium [M]. Cambridge: Cambridge University Press, 1992.

[183] Shukla P. R., Dhar S. Energy policies for low carbon sustainable transport in Asia [J]. Energy Policy, 2015 (81): 170 - 175.

[184] Small K. A., Dender K. V. Fuel efficiency and motor vehicle

travel: The declining rebound effect [J]. Energy Journal, 2007, 28 (1): 25 -51.

[185] Solaymani S., Kardooni R., Yusoff S. B., et al. The impacts of climate change policies on the transportation sector [J]. Energy, 2015 (81): 719 -728.

[186] Sterner T. Distributional effects of taxing transport fuel [J]. Energy Policy, 2012 (41): 75 -83.

[187] Sun H., Zhang Y., Wang Y., et al. A social stakeholder support assessment of low-carbon transport policy based on multi-actor multi-criteria analysis: The case of Tianjin [J]. Transport Policy, 2015 (41): 103 -116.

[188] Tollefsen P., Rypdal K., Torvanger A., et al. Air pollution policies in Europe: Efficiency gains from integrating climate effects with damage costs to health and crops [J]. Environmental Science & Policy, 2009, 12 (7): 870 -881.

[189] Tscharaktschiew S., Hirte G. Should subsidies to urban passenger transport be increased? A spatial CGE analysis for a German metropolitan area [J]. Transportation Research Part A Policy & Practice, 2012, 46 (2): 285 -309.

[190] Tscharaktschiew S., Hirte G. The drawbacks and opportunities of carbon charges in metropolitan areas—A spatial general equilibrium approach [J]. Ecological Economics, 2010, 70 (2): 339 -357.

[191] UK Committee on Climate Change. Meeting carbon budgets—The need for a step change: Progress report to parliament [R]. Committee on Climate Change, London, 2009.

[192] UK Committee on Climate Change. Meeting carbon budgets—3rd progress report to parliament [R]. Committee on Climate Change, London, 2011.

[193] UNEP (United Nations Environment Programme). Towards a green economy: Pathways to sustainable development and poverty eradication [R]. Nairobi: United Nations Environment Programme, Programme des Nations Unies pour 1'environnement, 2011.

[194] Vieira J., Moura F., José Manuel Viegas. Transport policy and environmental impacts: The importance of multi-instrumentality in policy integration [J]. Transport Policy, 2007, 14 (5): 421-432.

[195] Vöhringer F., Grether J. M., Mathys N. A. Trade and climate policies: Do emissions from international transport matter? [J]. World Economy, 2013, 36 (3): 280-302.

[196] Vrontisi Z., Abrell J., Neuwahl F., et al. Economic impacts of EU clean air policies assessed in a CGE framework [J]. Environmental Science & Policy, 2016 (55): 54-64.

[197] Wang H., Zhou D. Q., Zhou P., et al. Direct rebound effect for passenger transport: Empirical evidence from Hong Kong [J]. Applied Energy, 2012 (92): 162-167.

[198] Wang Y., Liang S. Carbon dioxide mitigation target of China in 2020 and key economic sectors [J]. Energy Policy, 2013 (58): 90-96.

[199] Wang K., Wang C., Chen J. Analysis of the economic impact of different Chinese climate policy options based on a CGE model incorporating endogenous technological change [J]. Energy Policy, 2009 (37): 2930-2940.

[200] Weisbrod G., Reno A. Economic impact of public transportation investment [M]. Washington, DC: American Public Transportation Association, 2009.

[201] Wen Z., Meng F., Chen M. Estimates of the potential for energy conservation and CO_2, emissions mitigation based on Asian-Pacific Integrated Model (AIM): The case of the iron and steel industry in China [J].

Journal of Cleaner Production, 2014, 65 (4): 120 -130.

[202] Xiao B. N., Niu D. X., Guo X. D., et al. The impacts of environmental tax in China: A dynamic recursive multi-sector CGE model [J]. Energies, 2015, 8 (8): 7777 -7804.

[203] Yan X., Crookes R. J. Reduction potentials of energy demand and GHG emissions in China's road transport sector [J]. Energy Policy, 2009, 37 (2): 658 -668.

[204] Yang C., Mccollum D., Mccarthy R., et al. Meeting an 80% reduction in greenhouse gas emissions from transportation by 2050: A case study in California [J]. Transportation Research Part D: Transport and Environment, 2009, 14 (3): 147 -156.

[205] Zhang R., Fujimori S., Dai H., et al. Contribution of the transport sector to climate change mitigation: Insights from a global passenger transport model coupled with a computable general equilibrium model [J]. Applied Energy, 2018 (211): 76 -88.

[206] Zhou Y. X., Fang W. S, Li M. J, Liu W. L. Exploring the impacts of a low-carbon policy instrument: A case of carbon tax on transportation in China [J]. Resources, Conservation and Recycling, 2018 (139): 307 -314.

后　记

交通运输业是中国国民经济和社会系统运转的基础载体和战略先导产业。随着经济发展和城市化进程的不断加快，交通运输业步入了加速扩张期，运输规模和运输质量都取得了巨大成就，为中国社会经济发展作出了重要贡献，但也引发了能源短缺、环境污染与温室气体排放等强负外部性效应。为此，中国政府制定了各种政策进行低碳交通治理，但由于城市规划和技术进步等因素的限制，收效不甚明显。在能源和环境瓶颈制约条件下，如何在保持经济高质量发展的同时，推进低碳交通的可持续发展是中国交通业面临的严峻挑战。

本书在全面系统测算中国交通能源消耗和碳排放的基础上，通过构建动态 CGE 模型，从遏制交通能源消耗量、促减二氧化碳排放的角度，就机动车尾气排放新国标及今后可能实施的交通碳税等监管政策进行了模拟，比较分析了单项及组合政策的短期与长期效应，为未来低碳交通政策的执行效果预判提供了一定的理论依据。但由于模型系统的复杂性较高，加之我国低碳交通发展仍处于初期阶段，可借鉴和参考的依据甚少，从而导致所构建的模型还存在一些不足。一方面，由于可计算一般均衡（CGE）模型是基于某一时间截面的数据，即基准年的宏观经济、投入产出及其他相关数据，这些原始数据的质量会影响模型的模拟结果；另一方面，由于研究时间和精力的限制，模型体系中的弹性替代参数基本都是参考相关文献而设定的经验值，而不是计量检验后的“真实”参数值，这些参数的数据质量将对模拟结果的精度产生一定的影响。此外，由于交通运输是一个复杂大系统，由多种运输方式组成且涉及多种交通工具，其能耗结构、规模及碳排放水平差异较大也较难测算，在一定程度上也影响了模拟的准确度。未来研究中，将进一步细化研究部门，尤其是加强对新能源汽车产业的细分，并在模型的动态链接中引入技术进步，以拓展研究的广度和深度，同时进一步提升模型结构的精细化，以实现其他新出台的低碳交通政策的综合效应模拟与优化设计。

本书相关研究得到国家社会科学基金一般项目（15BTJ025）、浙江省哲学社会科学规划课题（21NDJC100YB）、浙江省新型重点专业智库“浙江财经大学中国政府监管与公共政策研究院”、浙江省2011协同创新中心“数据科学与大数据分析协同创新中心”以及浙江省一流学科A类（浙江财经大学统计学）的资助，在此表示感谢。另外，限于自身的认知水平，书中难免出现疏漏不妥之处，敬请各位专家和读者给予批评指正！

作　者

2022年2月于杭州